示范性高等职业院校重点建设专业

计算机网络技术专业课程改革规划教材

局域网组建项目实战

主　编　关　巍　黄昊晶

副主编　陈世杰

中国水利水电出版社
www.waterpub.com.cn

内 容 提 要

本书以项目导向、任务驱动的模式将理论知识和实践能力融为一体,以培养各种类型局域网组建和常用服务器搭建等能力为主线,以全程图解的方式全面介绍局域网组建的基础知识和基本操作。

本书分为五大项目:家庭局域网的组建、无线局域网的组建、小型办公局域网的组建、中小型企业网络的组建、信息服务器的搭建,每个项目包括两至三个工作任务,工作任务由任务描述、任务分析、方案设计、任务实施和知识点等环节组成,经过多个工作任务反复教学做一体化的训练,使读者不断积累经验,逐渐提高实践操作能力。

本书适合作为高职高专计算机及相关专业的教材,也可以作为中小型局域网组建及管理人员的自学参考书。

本书配有电子教案,读者可以从中国水利水电出版社网站和万水书苑免费下载,网址为:
http://www.waterpub.com.cn/softdown/和 http://www.wsbookshow.com。

图书在版编目(C I P)数据

局域网组建项目实战 / 关巍,黄昊晶主编. -- 北京: 中国水利水电出版社,2012.6
示范性高等职业院校重点建设专业计算机网络技术专业课程改革规划教材
ISBN 978-7-5084-9688-7

Ⅰ. ①局… Ⅱ. ①关… ②黄… Ⅲ. ①局域网—高等职业教育—教材 Ⅳ. ①TP393.1

中国版本图书馆CIP数据核字(2012)第080741号

策划编辑:杨庆川   责任编辑:宋俊娥   加工编辑:李元培   封面设计:李 佳

书　　名	示范性高等职业院校重点建设专业计算机网络技术专业课程改革规划教材 **局域网组建项目实战**
作　　者	主 编　关 巍　黄昊晶 副主编　陈世杰
出版发行	中国水利水电出版社 (北京市海淀区玉渊潭南路 1 号 D 座　100038) 网址:www.waterpub.com.cn E-mail: mchannel@263.net(万水) 　　　　sales@waterpub.com.cn 电话:(010) 68367658(发行部)、82562819(万水)
经　　售	北京科水图书销售中心(零售) 电话:(010) 88383994、63202643、68545874 全国各地新华书店和相关出版物销售网点
排　　版	北京万水电子信息有限公司
印　　刷	北京蓝空印刷厂
规　　格	184mm×260mm　16 开本　12.25 印张　307 千字
版　　次	2012 年 6 月第 1 版　2012 年 6 月第 1 次印刷
印　　数	0001—2000 册
定　　价	24.00 元

凡购买我社图书,如有缺页、倒页、脱页的,本社发行部负责调换

前　　言

信息化的发展离不开信息技术人才。无论是政府上网工程的实施还是企业网络的构建，都需要大量的网络技能型人才来实现，其中掌握局域网组建和管理、服务器搭建和管理能力的人才更是受到企业的青睐。

高等职业院校的主要任务就是培养适合社会需求的高技能型专门人才。目前，我国职业教育改革正如火如荼地进行，"项目导向、任务驱动"教学做一体的教学模式不断推进发展，然而也遇到了很多问题，其中突出的一个问题就是缺少和项目化教学模式相配套的项目化教材。

本书是校企合作的成果，本书的作者团队里不仅有教学经验丰富的计算机网络专业教师，而且有具备多年的网络规划设计和实施维护经验的网络工程师，他们主持或参与过许多局域网的规划建设工作，对局域网设计、规范和组建流程相当熟悉。作者总结了多年的局域网组建的教学和实践的经验，编写了本书。

本书充分考虑高职高专的教学特点，注重学生能力的培养，以工作任务为中心组织教材内容，以理论知识实用够用为原则。本书以项目导向、任务驱动的模式，将理论和实践深度结合，精选了五个典型工作过程的项目，项目的设计由浅入深，从小到大，前面项目是后面项目的基础，而每个项目由多个工作任务组成，每个工作任务都包括任务描述、任务分析、方案设计、任务实施和知识点等内容，学生在这些任务的反复操作过程中，既掌握了知识又培养锻炼了工作能力。

本书包括五大项目，14 个任务。

- 项目一　家庭局域网的组建：双机组网、多机组网、共享 Internet。
- 项目二　无线局域网的组建：无线多机组网、无线双机互联。
- 项目三　小型办公局域网的组建：路由与远程访问、文件服务器的组建、网络共享资源的管理。
- 项目四　中小型企业网络的组建：域模式局域网的组建、DHCP 服务器的组建、DNS 服务器的组建。
- 项目五　信息服务器的组建：Web 服务器的组建、FTP 服务器的组建、邮件服务器的组建。

本书以全程图解的方式，用通俗易懂的文字和简单明了的图片，全面地介绍局域网组建的基础知识和基本操作。本书适合作为高职高专计算机及相关专业的教材，也可以作为中小型局域网组建及管理人员的培训和自学参考书。

为了方便教师教学，本书配有教学课件，可以从中国水利水电山版社网站或万水书苑上免费下载，网址为：http://www.waterpub.com.cn/softdown/ 和 http://www.wsbookshow.com。

本书由广东水利电力职业技术学院的关巍、黄昊晶任主编，泰克网络实验室的陈世杰（网络工程师、Cisco Security CCIE）任副主编。主要编写人员分工如下：关巍编写了项目三、项目四，黄昊晶编写了项目二、项目五，陈世杰编写了项目一。本教学团队的卢启臣、蔡杰辉等老师为本书资源建设做了很多有益工作。王树勇教授对本书提出了非常宝贵的意见。中国水利水电出版社的有关负责同志对本书的出版给予了大力支持。在本书编写过程中参考了大量国内外计算机网络文献资料，在此，谨向这些著作者以及为本书出版付出辛勤劳动的同志深表感谢！

由于作者水平有限，书中难免有错误和不足这处，恳请读者批评指正，E-mail：blackbluez@21cn.com。

编 者

2012 年 4 月

目　录

项目一　家庭局域网的组建

任务 1.1　双机组网

一、能力目标

- 会制作双绞线。
- 会安装操作系统。
- 会配置网络。
- 会共享文件。

二、知识目标

- 了解网络的基础知识。
- 了解网络拓扑结构。
- 掌握局域网的概念和特点。
- 熟悉对等网和基于服务器的网络。
- 熟悉常用的网络操作系统。
- 了解网卡。
- 了解网络传输介质。
- 掌握双绞线的制作方法。

1.1.1　任务概述

一、任务描述

小王家里有两台没有联网的计算机，计算机之间常常需要互相拷贝视频和图片等文件，目前是使用 U 盘来完成这些共享任务的，但有时要拷贝的文件很大而 U 盘又装不下，另外小王也想玩一些网络游戏，因此想使用一种简单而且便宜的方法把这两台计算机组建成一个网络。

二、需求分析

随着经济以及计算机技术的飞速发展，越来越多的家庭拥有两台或以上的计算机，用户希望把这些计算机组建成一个局域网，以便于共享资源和彼此通信。

组建家庭局域网可以实现很多实用功能，可以共享硬盘、光驱、打印机、上网设备等硬件，减少后置计算机硬件上的投资；可以共享软件和数据库等，避免重复投资及劳动；也可以实现数据信息的传输和联网游戏，实时又方便。

从以上的任务描述来看，小王家里的两台计算机需要组建成一个局域网以完成以下功能：
● 文件共享。
● 联网游戏。
● 要求使用简单而且便宜的方法。

三、方案设计

要将小王家两台计算机组建成局域网，方法可以有很多，例如：使用交换机、无线设备、USB 联网线、串口、IEEE1394 接口等都可以实现双机互联。但考虑到小王要求是使用简单而且便宜的方法，因此可以选用目前较流行的双机互联的两种方法：双绞线和 USB 联网线。

双绞线双机互联的方法是使用一根双绞线直接连接两台计算机的网卡来实现组网，这种方法不需要交换机等网络设备。USB 联网线组网方法是使用一条专用的 USB 联网线连接两台计算机的 USB 接口，通过 USB 接口来实现网络功能，USB 联网线的作用实际上是虚拟网卡的功能。这两种方法的优点都是价格便宜并且容易实现。

根据任务要求，这里采用使用一根双绞线把两台计算机组建成局域网的方案，其拓扑结构如图 1-1 所示。

双绞线

图 1-1   拓扑结构

方案的结构由以下部分组成：
● 硬件部分：两台计算机、两张网卡（10/100Mbps）、一根交叉双绞线。
● 软件部分：Windows 操作系统、网卡驱动程序、网络协议（TCP/IP 协议）等。

四、实施步骤

双机组网任务可以分解为以下步骤：制作双绞线、安装网卡、安装操作系统、配置网络和共享文件夹。

1.1.2 制作双绞线

在局域网中常用的网线主要有三种：同轴电缆、双绞线、光缆。双绞线因其价格便宜、使用简单和可靠稳定而得到广泛应用，现在家庭网络综合布线主要使用的网线也是双绞线。

两台计算机通过网卡和双绞线连接成一个局域网的方法简单而且实用，速度也非常快，是目前双机互联最常用的一种方法。这种方法可以实现 10Mbps、100Mbps 甚至 1000Mbps 的速度，不同的速度使用的硬件也有差别，根据方案要求，使用 100Mbps 硬件实现双机互联，实施前需要准备以下硬件和工具：
● 一根五类的双绞线，用于连接两台计算机，是计算机之间传输信息的网络线路。
● 两个 RJ-45 水晶头，用于制作双绞线两端的接口，水晶头和网卡上的 RJ-45 接口是对应的，以便双绞线连接两台计算机的网卡。

- 两块 10/100Mbps 网卡，是用于连接计算机和网络的设备；目前大多数计算机的主板都内置了网卡，因此不需要另外购买。
- 制作工具。
  - ◇ 压线钳，是切断和剥开双绞线、压制水晶头的多功能工具。
  - ◇ 测线仪，能检测压制水晶头后的双绞线中各根芯线的连接情况，从而可以判断制作的双绞线是否正确和稳定。

制作和安装交叉双绞线的详细过程如图 1-2 至图 1-6 所示。

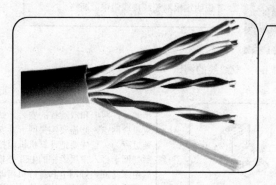

步骤 1：双绞线的剥皮。使用压线钳剪取一根长度适合于两台计算机距离的双绞线；剥开这根双绞线两头的外皮，剥皮可以使用压线钳的剥线刀旋转把外皮剪掉，注意剥皮的正确长度为水晶头的长度，有些压线钳的剥线口也有标准尺寸的标示。

图 1-2　双绞线的剥皮

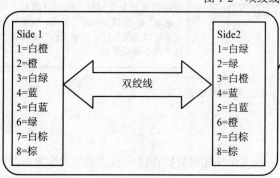

Side 1
1=白橙
2=橙
3=白绿
4=蓝
5=白蓝
6=绿
7=白棕
8=棕

双绞线

Side2
1=白绿
2=绿
3=白橙
4=蓝
5=白蓝
6=橙
7=白棕
8=棕

步骤 2：双绞线的排序。双绞线剥开外皮后可以看到 8 根芯线，这些线的颜色都不同，分别为：白橙、橙、白绿、绿、白蓝、蓝、白棕、棕，线与线之间是相互缠绕在一起的，共组成四对，制作网线时需要将这些线对拆开、理顺和排序。

直接网线双机互联的双绞线制作方法不同于普通的接线方法，要使用交叉线排序方法，标准的交叉线排列顺序为：一端为 T568B（白橙、橙、白绿、蓝、白蓝、绿、白棕、棕），另一端为 T568A（白绿、绿、白橙、蓝、白蓝、橙、白棕、棕）。

图 1-3　双绞线的排序

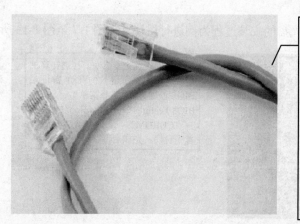

步骤 3：水晶头的压制。使用压线钳把各芯线剪齐，这样就能够保证在双绞线连接水晶头后，每根芯线都能良好地接触水晶头中的金属片。

接下来要把双绞线的两端接入水晶头。注意：水晶头露出金属片的一面朝上，双绞线的各个芯线要沿着水晶头的各个线槽插入，芯线的排序要按照上一步骤的排序方法。

检查双绞线的各根芯线都已经推到水晶头的尽头后，就可以压制水晶头了。把水晶头推入压线钳对应的位置，用力紧握压线钳，这个过程要确保水晶头上的金属片都压入到双绞线的各个芯线上。

图 1-4　水晶头的压制

步骤 4：双绞线的测试。压制好水晶头的双绞线就可以做线路的连通性测试了。这个步骤主要使用的工具是测线仪，将要测试的双绞线分别接入主测线仪和远程测线仪，打开测试仪电源开关，如果主测线仪的显示灯按 1 至 8 的顺序逐个闪动绿色，而且对应的远程测线仪显示灯的闪动顺序为 3、6、1、4、5、2、7、8，则证明交叉排序的双绞线制作成功。如果出现显示顺序错乱或者有某一个灯不是绿色，则说明这根双绞线接线错误或断路。

图 1-5　双绞线的测试

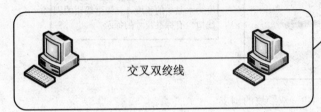

交叉双绞线

步骤 5：网卡和双绞线的安装。如果计算机没有网卡，则需要购买网卡并安装。安装过程为：首先要把计算机机箱打开，然后把网卡插入主板上空的 PCI 插槽中，最后用螺丝固定好网卡和盖好机箱即可。
双绞线和网卡的连接比较简单，将双绞线两端的水晶头分别插入两台计算机上网卡的 RJ-45 接口，启动计算机，注意观察网卡接口的信号灯，正常工作时这个信号灯是在不断闪烁的。

图 1-6　网卡和双绞线的安装

1.1.3　安装 Windows 7 操作系统

在操作系统市场上，微软公司的 Windows 操作系统凭借其操作简单和功能强大等特点占据着绝对的主导地位。目前，流行的 Windows 版本有 Windows XP、Windows Vista、Windows 7、Windows Server 2003、Windows Server 2008 等，它们的安装过程大同小异，通常通过以下两种方式进行安装：

● 用安装光盘引导启动安装。

● 在现有的操作系统上运行安装。

下面以 Windows 7 Professional 安装光盘的安装过程为例进行讲述，如图 1-7 至图 1-13 所示。

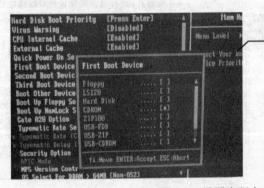

步骤 1：设置光驱启动。接通计算机电源，通过按下键盘的 Del 键进入 BIOS 设置界面；选择菜单"Advanced BIOS Features"→"First Boot Device"→"CDROM"，该项把光驱设置为首先启动；完成后保存退出 BIOS。

图 1-7　设置光驱启动

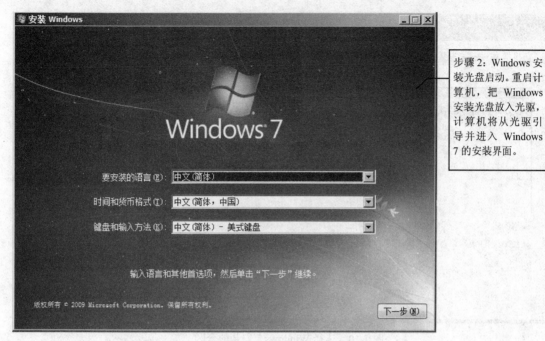

步骤 2：Windows 安装光盘启动。重启计算机，把 Windows 安装光盘放入光驱，计算机将从光驱引导并进入 Windows 7 的安装界面。

图 1-8　Windows 安装光盘启动

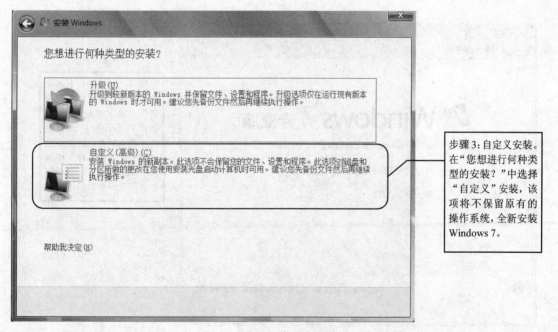

步骤 3：自定义安装。在"您想进行何种类型的安装？"中选择"自定义"安装，该项将不保留原有的操作系统，全新安装 Windows 7。

图 1-9　自定义安装

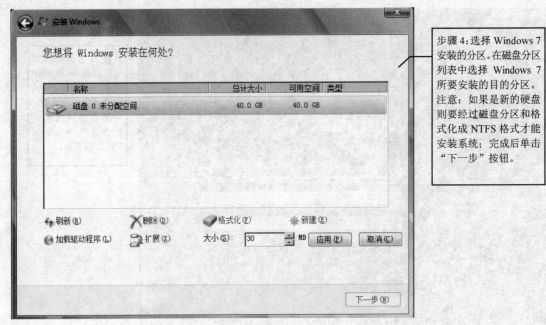

步骤 4：选择 Windows 7 安装的分区。在磁盘分区列表中选择 Windows 7 所要安装的目的分区。注意：如果是新的硬盘则要经过磁盘分区和格式化成 NTFS 格式才能安装系统；完成后单击"下一步"按钮。

图 1-10　选择 Windows 7 安装的分区

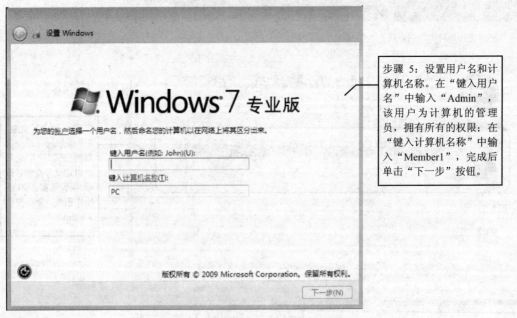

步骤 5：设置用户名和计算机名称。在"键入用户名"中输入"Admin"，该用户为计算机的管理员，拥有所有的权限；在"键入计算机名称"中输入"Member1"，完成后单击"下一步"按钮。

图 1-11　设置用户名和计算机名称

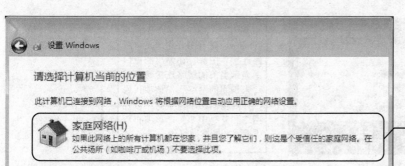

步骤6：网络设置。在"请选择计算机当前的位置"中列出三个选项，它们之间的主要区别是使用不同的安全级别；选择"家庭网络"，该项安全级别最低，允许查看网络上的其他计算机并允许其他用户访问本计算机，这便于文件的共享。

图 1-12 网络设置

步骤7：安装成功。Windows 7 的安装过程比较简单，按照操作步骤一步一步完成即可；成功安装后会直接进入 Windows 7 的系统桌面。

图 1-13 安装成功的 Windows 7 的系统桌面

1.1.4 网络配置

两台计算机的网卡和双绞线等硬件和操作系统安装成功后，需要对 Windows 7 进行一定的网络配置才能实现双机的通信，详细的配置如图 1-14 至图 1-18 所示。

步骤 1：查看网络状态。在 Windows 的任务栏中单击"网络连接"图标，在弹出的窗口中显示当前的网络连接状态为"未识别的网络"，该项代表已经连接到网络；单击"打开网络和共享中心"，该项将查看网络和配置网络。

图 1-14　查看网络状态

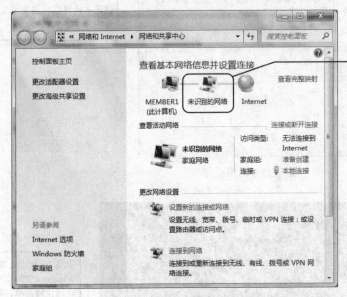

步骤 2：查看网络。在"查看基本网络信息并设置连接"中单击"未识别的网络"，该项将查看网络和配置网络。

图 1-15　查看网络

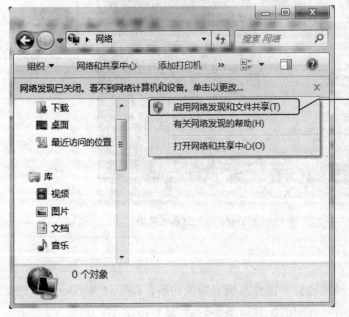

步骤 3：启用网络发现。在网络界面中单击"网络发现已关闭。看不到网络计算机和设备…"，在下拉菜单中选择"启用网络发现和文件共享"，该项将允许计算机可以访问网络的其他计算机，并且允许网络上的其他计算机可以访问自己。

图 1-16　启用网络发现

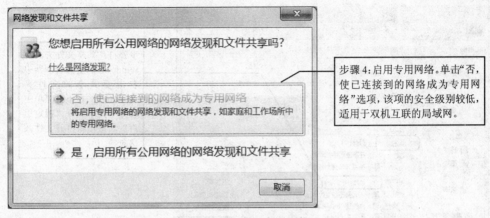

图 1-17　启用专用网络

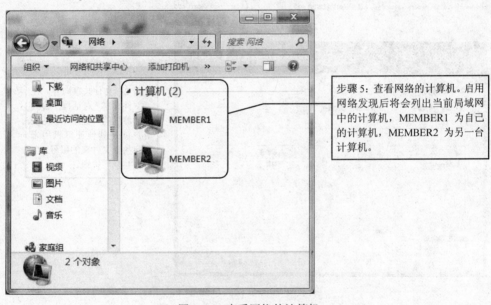

图 1-18　查看网络的计算机

1.1.5　共享文件夹

文件共享是局域网中应用最广泛的一项功能。有了文件共享功能，局域网络中各台计算机之间交换文件变得更加便捷，几 GB 的文件，应用复制粘贴命令几分钟就可以移动到另外一台计算机。Windows 7 共享文件夹的步骤和测试共享文件夹的过程如图 1-19 至图 1-24 所示。

1.1.6　知识点

一、计算机网络

计算机网络是由网络设备和通信线路将不同地理位置的具有独立功能的计算机和外部设备连接起来，通过网络操作系统、网络软件和协议实现资源共享和信息交流的系统。

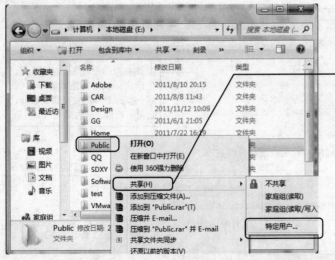

图 1-19　共享文件夹

步骤 1：共享文件夹。在 Windows 的资源管理器中右击要共享的文件夹 "Public"，在下拉菜单中选择 "共享" → "特定用户"，该项将打开文件共享向导。

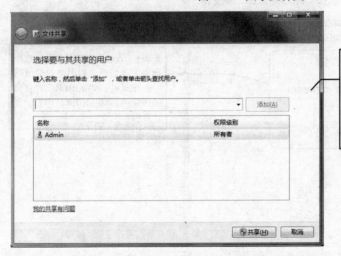

图 1-20　文件共享向导

步骤 2：文件共享向导。在 "文件共享" 对话框中会列出计算机的一些用户，这些用户就是其他计算机用来访问共享文件夹的账号，单击 "共享" 按钮。

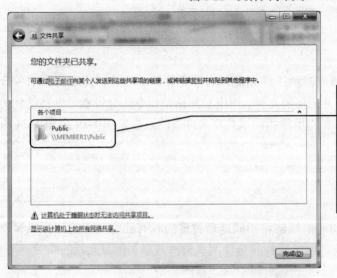

图 1-21　共享完成

步骤 3：共享完成。在文件共享界面的 "各个项目" 中列出所共享文件夹的名字和在网络中显示的路径 "\\MEMBER1\Public"，网络上的其他计算机可以通过该名字访问到共享文件夹；单击 "完成" 按钮完成设置。

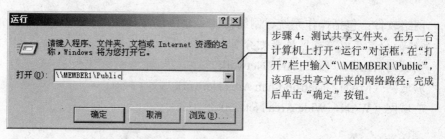

步骤 4：测试共享文件夹。在另一台计算机上打开"运行"对话框，在"打开"栏中输入"\\MEMBER1\Public"，该项是共享文件夹的网络路径；完成后单击"确定"按钮。

图 1-22 测试共享文件夹

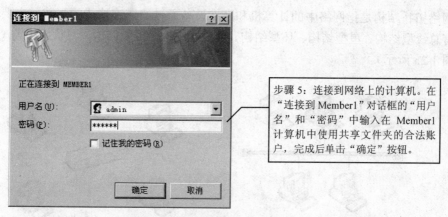

步骤 5：连接到网络上的计算机。在"连接到 Member1"对话框的"用户名"和"密码"中输入在 Member1 计算机中使用共享文件夹的合法账户，完成后单击"确定"按钮。

图 1-23 连接到网络上的计算机

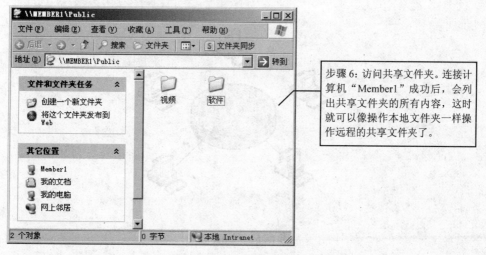

步骤 6：访问共享文件夹。连接计算机"Member1"成功后，会列出共享文件夹的所有内容，这时就可以像操作本地文件夹一样操作远程的共享文件夹了。

图 1-24 访问共享文件夹

1. 网络的功能

● 资源共享：包括计算机存储设备、外部设备等硬件资源共享和数据库、文件等软件资源共享。

● 数据通信：实现电子邮件、发布新闻、电子商务、即时通信等计算机之间的信息交流。

● 分布处理：一个复杂的任务由网络上的多台计算机并行协作共同完成。

2. 网络的组成

● 网络硬件：包括网络服务器、工作站、网络适配器、传输介质、网络设备。

● 网络软件：包括操作系统、网络协议、通信软件。
3. 网络的分类（以覆盖区域来划分）
● 局域网（LAN，Local Area Network）
● 城域网（MAN，Metropolitan Area Network）
● 广域网（WAN，Wide Area Network）

二、网络拓扑结构

网络拓扑结构是指网络中的计算机和网络设备通过线缆连接成的形状。主要的网络拓扑结构有总线型结构、星型结构、环型结构、分布式结构、树型结构、网状结构等（网络拓扑结构如图 1-25 所示）。

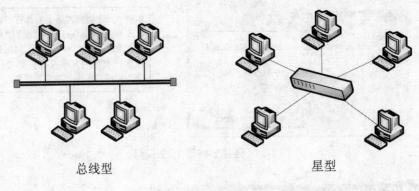

总线型   星型

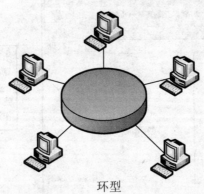

环型

图 1-25　网络拓扑结构

总线型网络拓扑结构：所有的节点共用一条物理传输线路。优点是接入灵活、费用低、信道利用率较高和某个节点的故障不影响网络等，缺点是同一时刻只能有两台计算机通信、维护困难、网络的距离有限和节点数有限等。

星型网络拓扑结构：存在一个中心节点，其他节点都与中心节点相连。优点是易于管理和维护、传输延时短和误码率低等，缺点是对中心节点要求高，中心节点的故障将导致整个网络瘫痪。星型网络是目前使用最广泛的网络拓扑结构之一。

环型网络拓扑结构：由多个节点通过点到点的首尾相连构成了一个环形。优点是实时性好、传输控制机制简单等，缺点是节点数有限、某个节点的故障将导致网络瘫痪等。

三、局域网

局域网是指局部范围的计算机网络，通常由一个单位所拥有，在一个建筑物或者一个单位内，距离一般在几公里内。目前几乎所有的企业甚至家庭都有自己的局域网。

局域网具有以下特点：建设容易、成本低，用户数少，便于安装、维护和扩展，网络范围小，数据传输速率快（10Mbps、100Mbps 和 1000Mbps），误码率低。

目前主要的局域网类型有：以太网（Ethernet）、令牌环网（Token Ring）、光纤分布数据接口网（FDDI）、异步传输模式网（ATM）和无线局域网（WLAN）。

四、对等网络和基于服务器的网络

按照网络内计算机关系的不同，可以把局域网分为对等网络和基于服务器的网络。

1. 对等网络

对等网络指网络内所有的计算机都是平等的，没有主次之分，每台计算机可以独立使用，也可以互相共享资源。对等网络一般应用于家庭和办公室等小型的局域网中。

对等网络的特点：

* 易于组建和扩展、成本低、维护简单。
* 数据安全性不高、不易于集中管理。

2. 基于服务器的网络

基于服务器的网络指服务器/客户端（Server/Client）的主从式网络，在网络中有一些计算机被设置为服务器，为其他计算机提供资源共享和应用服务。基于服务器的网络一般应用于公司和企业等较大型的局域网中。

基于服务器的网络的特点：

* 服务器配置较高，需要 7*24 小时运行，由专人管理。
* 服务器集中管理，统一承担资源共享和用户管理等任务。
* 客户端使用网络资源需要统一的身份认证，安全性高。

五、网络操作系统

网络操作系统除了具有管理计算机硬件和软件资源的能力，还提供了网络通信和网络服务的功能，使用户可以方便地共享资源和高效稳定地进行网络通信。

常用的几种网络操作系统：

* Windows：微软公司开发的 Windows 系统是目前使用最广泛的操作系统，Windows 操作系统主要的优点为易学易用和功能全面。Windows 网络操作系统主要有：Windows NT 4.0、Windows 2000 Server、Windows Server 2003 和 Windows Server 2008，个人操作系统有：Windows 98、Windows XP、Windows 7 和 Windows 8 等。

* NetWare：Novell 公司的 NetWare 曾经是局域网服务器操作系统的霸主，但是目前市场地位已经被 Windows 和 Linux 取代。NetWare 对硬件要求比较低，具有稳定的性能和丰富的应用软件支持，缺点是其操作还是命令方式而且技术相对落后。目前常用于无盘工作站的组建。

* UNIX：系统功能强大、稳定并且安全，但是其操作也是命令方式，难以掌握，因此目前小型局域网基本不使用 UNIX，UNIX 一般用于大型的网站或大型的企事业局域

网中。

- Linux：类似 UNIX 的新型网络操作系统，其最大的特点就是开源，并且继承了 UNIX 的稳定安全特性。目前 Linux 市场占有率有逐渐上升的趋势，常用的 Linux 中文版本有：RedHat（红帽子）Linux 和红旗 Linux 等。

六、网络设备——网卡

网卡又称为网络接口卡（NIC，Network Interface Card）和网络适配器，是物理上连接计算机与网络的硬件设备，其功能是把计算机的数据封装成帧并发送到网络上，接收网络传过来的帧并组合成计算机能识别的数据。

根据传输速度的不同，网卡可以分为 10Mbps、10/100Mbps、1000Mbps、10000Mbps；根据连接的传输介质不同，网卡可以具有不同的网络接口：RJ-45 接口、BNC 接口、AUI 接口、FDDI 接口和 ATM 接口等。

每个网卡在出厂时都有一个全球唯一的地址，称为 MAC 地址（网卡物理地址），该地址用来定义网络设备的位置。网卡的 MAC 地址可以通过命令"ipconfig/all"进行查看。

七、网络传输介质

网络传输介质是网络数据传输过程中位于发送设备与接收设备之间的物理通路。网络传输介质的物理特性、传输特性、抗干扰性、连通性、地域范围等对网络中数据的通信质量和通信速度有较大影响。常用的网络传输介质分为有线传输介质和无线传输介质两大类。

- 有线介质：同轴电缆、双绞线、光纤。
- 无线介质：无线电波、微波、红外线。

八、双绞线

双绞线（TP，Twisted Pair）是由多对绝缘铜线组成的，为了降低信号的干扰，每对绝缘铜线都按照一定的规则互相扭绕在一起。双绞线既能传输数字信号又能传输模拟信号，具有价格便宜和安装方便等特点，其有效传输距离为 100 米，一般用于星型网络，是目前网络布线中最常用的一种传输介质。

双绞线分为非屏蔽双绞线（UTP）和屏蔽双绞线（STP）。非屏蔽双绞线价格便宜，传输速度偏低，抗干扰能力较差。屏蔽双绞线多了一层金属屏蔽层，可以减少辐射，防止信息被窃听，抗干扰能力较好，具有更高的传输速度，但价格相对较贵。

双绞线有多种型号：一类、二类、三类、四类、五类、六类等，数字越大技术越新，传输带宽也越宽，目前最常使用的类型是五类、超五类和六类。

双绞线的制作方法：

- T568A 标准：白绿、绿、白橙、蓝、白蓝、橙、白棕、棕。
- T568B 标准：白橙、橙、白绿、蓝、白蓝、绿、白棕、棕。

直连线：双绞线两端都使用 T568B 标准，用于计算机连接集线器，计算机连接交换机，计算机连接路由器。

交叉线：双绞线一端使用 T568A 标准，另一端使用 T568B 标准，用于计算机连接计算机，集线器连接集线器，交换机连接交换机。

任务 1.2 多机组网

一、能力目标

- 会制作和安装双绞线。
- 会安装交换机。
- 会配置 TCP/IP 协议。
- 会使用命令测试网络。

二、知识目标

- 了解网络设备。
- 掌握集线器的原理。
- 掌握交接机的原理。
- 了解网络协议。
- 了解 TCP/IP 协议。
- 熟悉 IP 编址技术。

1.2.1 任务概述

一、任务描述

小王所在的学生公寓共住了 6 个人，现有 4 台电脑，将来还有可能会增加，现想把这些电脑组建成局域网，以便实现磁盘共享、刻录机共享、联网游戏和将来共享上网等。

二、需求分析

在校园里，学生拥有计算机已经很普遍了。把学生公寓内的 2 台以上的计算机组建成局域网，可以轻松地实现资源共享、联网通信和共享 Internet 等。

从以上任务描述来看，小王学生公寓内的 4 台计算机需要组建成一个局域网以完成以下功能：

- 磁盘共享
- 刻录机共享
- 联网游戏

需要注意的是小王学生公寓组建的局域网还要考虑可扩展性，因为公寓内的计算机还会增加，并且将来还会共享上网。

三、方案设计

将学生公寓的多台计算机组建成一个局域网，主要考虑的是使用什么网络连接设备，目前适用的网络设备有集线器、桌面交换机或宽带路由器等。同级别的桌面交换机无论从传输性能或价格都比集线器更有优势，而宽带路由器侧重于共享上网，因此小型局域网的网络连接设备主要还是使用桌面交换机。

本方案采用 8 口的 10/100Mbps 桌面交换机作为网络连接设备，主要原因如下：

- 学生公寓的局域网主要用于资源共享（磁盘共享和刻录机共享），计算机之间经常要进行大量的多媒体等数据的传输和交换，10/100Mbps 交换机能够满足其对带宽的需求。
- 8 口交换机能够满足公寓内现有计算机和将要增加计算机的需求。
- 目前学生公寓接入 Internet 的方式是 LAN 宽带，交换机可以满足公寓将要接入 Internet 的需求。
- 桌面交换机价格便宜，性价比突出。

本方案的拓扑结构如图 1-26 所示，主要由以下几部分组成：

1. 网络设备：交换机

交换机是网络组建的主要连接设备，所有的计算机都连接到交换机上就形成了一个局域网。

2. 网络传输介质：双绞线

双绞线是计算机连接到交换机的网络线路。根据实际布线的需要准备 4 根双绞线，双绞线按照直连网线的标准制作。

3. 计算机

4 台计算机连接到交换机，通过配置 TCP/IP 协议组建成局域网，可以实现磁盘共享、刻录机共享、联网游戏等功能。

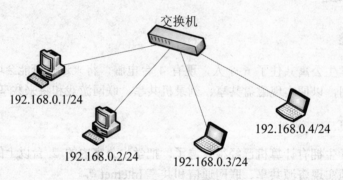

图 1-26　拓扑结构图

四、实施步骤

多机组网任务可以分解为以下步骤：网络硬件搭建、配置 IP 地址和网络测试。

1.2.2　网络硬件搭建

公寓局域网的组建包括网络硬件的搭建、软件协议的配置，其中网络硬件的搭建包括布线设计、网线制作、网络设备和计算机的连接等过程，搭建的主要步骤如图 1-27 至图 1-29 所示。

1.2.3　配置 IP 地址

计算机的 IP 地址就像家庭地址一样，当别人要发信给你时，必须要知道你的地址才能寄给你，同样，要和网络中的某台计算机通信，也必须知道它的 IP 地址。网络中的每台计算机都需要配置一个唯一的 IP 地址，这样才可以互相通信。

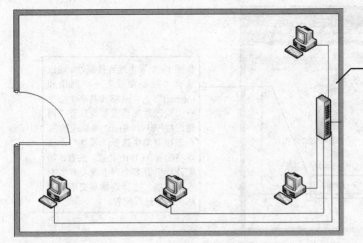

图 1-27 布线设计

步骤 1：布线设计。小范围的布线主要考虑中心节点位置、美观、节约和扩展等问题；该局域网的拓扑结构为星型网络结构，网络的中心节点是交换机，所以局域网是以交换机为中心进行网络布线。

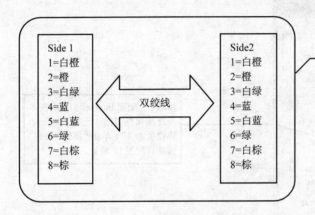

图 1-28 网线制作

步骤 2：网线制作。公寓局域网使用的网线主要用于计算机连接到交换机，因此双绞线要制作成直连网线，即线两端的排线标准都为 T568B，顺序为白橙、橙、白绿、蓝、白蓝、绿、白棕、棕。

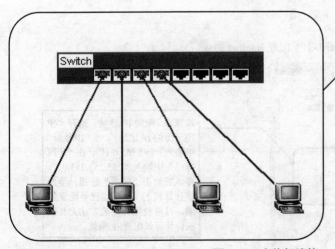

图 1-29 交换机连接

步骤 3：交换机连接。交换机和计算机的连接比较简单，双绞线的一端水晶头插入到交换机的 RJ45 接口，另一端插入到计算机上的网卡。当计算机和交换机都通电运行时，正常的连接状态应该是交换机上对应接口的状态灯和计算机上网卡的状态灯都在闪亮。

公寓局域网内有 4 台计算机，IP 地址分别为 192.168.0.1、192.168.0.2、192.168.0.3 和 192.168.0.4，子网掩码都为 255.255.255.0。图 1-30 至图 1-32 是 Windows 7 操作系统 IP 地址的配置过程。

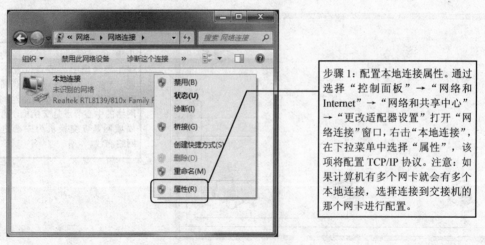

步骤 1：配置本地连接属性。通过选择"控制面板"→"网络和 Internet"→"网络和共享中心"→"更改适配器设置"打开"网络连接"窗口，右击"本地连接"，在下拉菜单中选择"属性"，该项将配置 TCP/IP 协议。注意：如果计算机有多个网卡就会有多个本地连接，选择连接到交接机的那个网卡进行配置。

图 1-30　配置本地连接属性

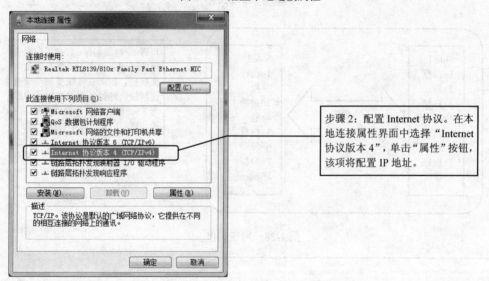

步骤 2：配置 Internet 协议。在本地连接属性界面中选择"Internet 协议版本 4"，单击"属性"按钮，该项将配置 IP 地址。

图 1-31　配置 Internet 协议

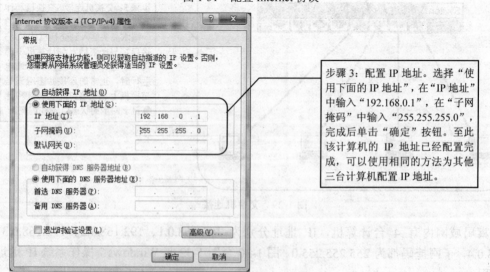

步骤 3：配置 IP 地址。选择"使用下面的 IP 地址"，在"IP 地址"中输入"192.168.0.1"，在"子网掩码"中输入"255.255.255.0"，完成后单击"确定"按钮。至此该计算机的 IP 地址已经配置完成，可以使用相同的方法为其他三台计算机配置 IP 地址。

图 1-32　配置 IP 地址

1.2.4　网络测试

公寓局域网的硬件连接完成和所有计算机的 IP 地址配置好后，就可以对局域网进行网络连通性的测试，测试使用 ipconfig 和 ping 命令，ipconfig 命令可以查看计算机本地连接的属性，主要包括 IP 地址和物理地址（MAC 地址）等信息，ping 命令可以检查本计算机和网络上另一台计算机的连通性。

测试使用的"命令提示符"窗口可以通过单击 Windows 的"开始"→"所有程序"→"附件"→"命令提示符"选项打开，测试的示例如图 1-33 至图 1-35 所示。

图 1-33　ipconfig 命令

> ipconfig 命令：在"命令提示符"窗口中输入"ipconfig/all"后回车，结果会列出本计算机所有网络适配器（网卡、拨号连接等）的完整 TCP/IP 配置信息，包括计算机名称、本地连接的网络地址、IP 地址、子网掩码、默认网关、DNS 服务器等信息，这些资料帮助测试人员了解本机当前的网络状态信息。

图 1-34　ping 命令

> ping 命令：例如要测试本计算机和 IP 为 192.168.0.2 的计算机之间的网络连通状态，则在"命令提示符"窗口中输入"ping 192.168.0.2"后回车，该命令将向目的计算机发送测试数据包，看对方是否有响应并统计响应时间；测试的结果显示响应的时间都少于 1 毫秒，代表两台计算机之间的网络连通性非常好。

ping 命令：例如要测试本计算机和 IP 为 192.168.0.5 的计算机之间的网络连通状态，则在"命令提示符"窗口中输入"ping 192.168.0.5"后回车，结果显示请求超时，这代表两台计算机之间的网络不是连通的，原因可能是计算机不存在、物理链路有问题或者 TCP/IP 协议配置错误等原因。

图 1-35　ping 命令

1.2.5　知识点

一、网络设备

计算机、通信线路和网络设备组成了计算机网络，网络设备是网络互联的中间部件，它既可以实现网内计算机的连接，又可以实现多个不同类型网络之间的互联，因此网络设备又分为网内连接设备和网间连接设备。网内连接设备主要有网卡、集线器、交换机等，网间连接设备主要有网桥、路由器、网关等。

二、网络设备——集线器（HUB）

集线器主要功能是对接收的信号进行放大，以扩大网络的传输距离，实质是一个中继器。集线器是一个共享带宽设备，采用广播方式发送数据。集线器在转发数据时，数据被发送到所有的端口，而不管该端口上是否连接着目的计算机，这有时会引起网络中广播报文泛滥，在较大的网络中，甚至会造成网络瘫痪，因此集线器只适用于较小的网络。

三、网络设备——交换机（Switch）

交换机根据每一个数据包中的 MAC 地址（网卡的硬件地址）决策信息并转发数据。和集线器不同，交换机是一种基于 MAC 地址识别，能够根据数据包的 MAC 地址转发数据到目的端口，而不是转发到所有端口。交换机的每一端口都可视为独立的网段，连接在其上的网络设备独享全部的带宽，例如，一个 100Mbps 交换机的总流通量为 100Mbps×端口数，而 100Mbps 集线器的总流通量最多只能达到 100Mbps。

交换机的缓存中有一个"端口-MAC 地址映射表"，它能够"学习"MAC 地址，其工作原理如下：

（1）网络中的一台计算机通过交换机向另一台计算机发送一个数据包，数据包中包括源 MAC 地址和目的 MAC 地址。

（2）交换机从某个端口收到该数据包后，它会读取包中的源 MAC 地址，如果该地址不在映射表中，则将发送过来的端口和源 MAC 地址记录在映射表中。

（3）交换机再去检查数据包的目的 MAC 地址，如果该 MAC 地址在映射表中，则把数据包转发到对应的端口上，如果该 MAC 地址不在映射表中，则以广播的方式发送到所有的端口，当目的计算机有回应时，交换机就会把回应的端口和目的 MAC 地址记录在映射表中；

（4）经过多次以上过程的重复之后，交换机的"端口-MAC 地址映射表"就会记录着所有端口和 MAC 地址的对应关系，从而帮助数据包迅速找到目的端口。

以工作的协议层来划分，交换机可以分为：二层交换机、三层交换机和四层交换机。二层交换机的主要功能是根据 MAC 地址进行转发数据包，具有快速交换、价格低廉和多个端口等特点，适用于小型的局域网；三层交换机增加了路由功能，能够识别 IP 地址，适用于网络之间的连接；四层交换机除了可以根据 MAC 地址和 IP 地址转发数据外，还能识别 TCP 应用端口号。

四、网络协议

网络协议是计算机之间相互通信需要共同遵守的一套规则。正如我们用某种语言说话，只有对话双方都使用共同的语言，双方才能交流，计算机网络通信也一样，网络中存在着各种各样的计算机和设备，如服务器、工作站、交换机和路由器等，它们之间必须使用相同的网络协议才能实现正常通信。

网络协议由三大要素组成：

- 语法：规定通信数据和控制信息的格式。
- 语义：对于事件和动作做出的反应。
- 时序：对事件通信顺序的定义。

网络协议有很多种，常用的网络协议协议有：TCP/IP 协议、IPX/SPX 协议、NetBEUI 协议、AppleTalk 协议等，在 Internet 上的计算机和设备使用的是 TCP/IP 协议。

五、TCP/IP 协议

TCP/IP 协议（Transmission Control Protocol/Internet Protocol，传输控制协议/因特网互联协议）是 Internet 的基础协议，它规范了网络上的所有通信设备，使得这些设备之间按照规定的格式和传送方式来通信。TCP/IP 是一组包括 TCP、UDP、IP、ICMP 等的协议集。

TCP/IP 提供了一种数据打包和寻址的标准方法，这种方法类似于书信的收发。例如：两台计算机通过 TCP/IP 协议进行数据通信，首先要把数据划分为多个数据段，每个数据段装入一个 TCP 信封并且标示分段号，在信封上记录目的 IP 地址和源 IP 地址，然后发送到网络中，网络中的设备会根据信封上的目的 IP 地址把信送到目的计算机，当目的计算机收集了所有属于自己的数据信息后，按顺序还原数据，过程中还会对数据进行校验，如果发现数据有错则要求重发，这样使得 TCP/IP 协议可以保证数据的无差错传输。

六、IP 地址

在 Internet 网络中为每台计算机都指定一个唯一的网络地址，这个地址就是 IP 地址。正如每个家庭都有一个通信地址一样，Internet 是由几千万台计算机连接成的网络，要实现各台计算机间的通信，必须为每台计算机设定一个 IP 地址。

1. IP 地址的表示方法

IP 地址是一个由 4 个字节共 32 位组成的二进制数地址，但为了方便记忆，通常以点分十进制法表示 IP 地址，也就是把 IP 地址分为 4 组十进制数，每组以小数点分开，每组数值的范围是 0 至 255，例如，192.168.0.1（十进制）和 11000000.10101000.00000000.00000001（二进制）是相同的 IP 地址。

2. IP 地址的组成

IP 地址分为两部分：网络号和主机号。

- 网络号用于区分不同的网络，每一个网络都有一个唯一的网络号，IP 地址中网络号不相同的两台计算机不能直接相互访问，也就是代表这两台计算机不在一个网络内。
- 主机号用于区分同一网络内的不同主机，同一网络内的每台主机都有一个唯一的主机号。

为了划分网络号和主机号，需要使用子网掩码，子网掩码也是一个 32 位的二进制数，只要把 IP 地址和子网掩码的每位数进行与运算，就可以算出 IP 地址的网络号，例如，IP 地址为 192.168.0.1（11000000.10101000.00000000.00000001），子网掩码为 255.255.255.0（11111111.11111111.11111111.00000000），两者二进制与运算的结果为 192.168.0.0（11000000.10101000.00000000.00000000），这就是网络号。

IP 地址和子网掩码总是成对出现的，为了书写方便，IP 地址可以使用后缀标记法，例如，192.168.0.1/24 代表 IP 地址为 192.168.0.1，子网掩码为 255.255.255.0，"/" 后的数字代表网络号的位数。

3. IP 地址的分类

根据网络号的不同，可以把 IP 地址分为 A、B、C、D、E 五类（如图 1-36 所示），广泛使用的是 A、B、C 三类。

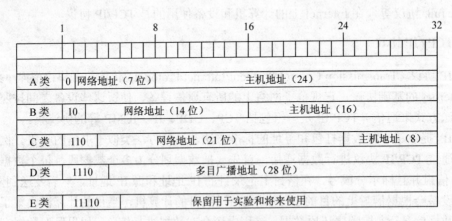

图 1-36   IP 地址分类

（1）A 类地址网络号的范围为 1.0.0.0 至 126.0.0.0，可用的网络数量为 126 个，每个网络的最多主机数为 16777214，适用于大型的网络。

（2）B 类地址网络号的范围为 128.1.0.0 至 191.255.0.0，可用的网络数量为 16382 个，每个网络的最多主机数为 65534，适用于中型的网络。

（3）C 类地址网络号的范围为 192.0.0.0 至 223.255.255.0，可用的网络数量为 2097150 个，每个网络的最多主机数为 254，适用于小型的网络。

（4）D 类地址用于多播。

（5）E 类地址保留将来使用。

（6）私有 IP 地址：在 A、B、C 三类地址中，有如下三段为私有网络保留的 IP 地址，这些 IP 地址可以在局域网中任意使用。

- A 类：10.0.0.0～10.255.255.255
- B 类：172.16.0.0～172.31.255.255
- C 类：192.168.0.0～192.168.255.255

任务 1.3　共享 Internet

一、能力目标

- 会接入 Internet。
- 会安装和配置宽带路由器。
- 会使用宽带路由器共享上网。

二、知识目标

- 了解路由器的概念。
- 了解常用的 Internet 接入方式。
- 熟悉常用的 Internet 的共享方法。

1.3.1　任务概述

一、任务描述

由于工作和娱乐的需要，小王计划把社区宽带（Internet）接入到家里，但是小王面临以下问题：家里只申请了一个宽带账户，但是家里的两台计算机都需要使用宽带上网，另外还希望这两台计算机之间能实现资源共享等局域网功能。

二、需求分析

网上获取信息、网上办公和网上购物现在已经成为人们工作和生活的一部分，Internet 的使用无处不在。在家庭或学生公寓里，拥有多台计算机已经很普遍了，这些计算机新旧不一，配置不同，如何把这些计算机都连接到 Internet 成为人们常常要解决的问题。

从以上任务描述来看，小王要把家里的两台计算机组建成一个网络以完成以下功能：

- 接入 Internet。
- 两台计算机共享 Internet。
- 两台计算机连成局域网，实现资源共享。

三、方案设计

方案的设计主要解决两方面问题，一方面是接入 Internet，多机共享上网；另一方面是组建局域网。

共享上网通常使用两种方法：软件和硬件，软件共享上网的方法是使用一台服务器负责连接 Internet 和安装共享上网软件，局域网内的计算机都通过该服务器共享上网，这种方法的优点是软件管理功能强大，缺点是过多地依赖于服务器；硬件共享上网方式通常是使用一台网络设备实现连接 Internet 和共享上网，最常用的网络设备就是宽带路由器，这种方法的设置简单、管理方便和价格便宜，而且具有交换机的功能，能方便地组建局域网，是目前家庭等小型局域网最常使用的方法。

根据小王家庭的组网需求，方案采用一个宽带路由器实现小型局域网组建和共享上网功能，其网络拓扑结构如图 1-37 所示。

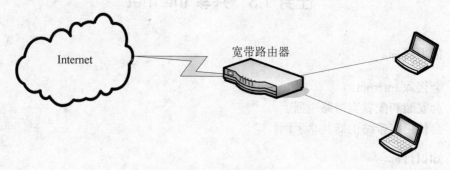

图 1-37   拓扑结构

方案的结构由以下部分组成：

1. 网络设备：宽带路由器

宽带路由器一方面对外连接 Internet，另一方面对内把各计算机连接成局域网，宽带路由器的配置如下：

- 外网设置：接入社区宽带（Internet），设置服务商提供的 IP 地址；
- 内网设置：把路由器的内网 IP 设置为 192.168.0.1；设置 DHCP，使客户端计算机可以自动获取 IP 地址。

2. 网络传输介质：双绞线

双绞线是计算机连接宽带路由器、宽带路由器连接 Internet 的网络线路。根据实际布线的需要准备三根双绞线，双绞线按照直连网线的标准制作。

3. 计算机

计算机连接到宽带路由器，能自动获取 IP 地址，使它们可以实现资源共享等局域网功能，并且每台计算机都是能正常上网。

四、实施步骤

多机组网任务可以分解为以下步骤：安装宽带路由器、配置宽带路由器、客户端测试。

1.3.2   安装宽带路由器

市面上大部分宽带路由器的功能、结构和配置都是类似的，只要掌握一两种路由器的安装和配置方法即可。宽带路由器除了能组建内部局域网、为计算机共享 Internet 之外，还具有 DHCP（动态主机配置协议）、访问控制和 Web 管理等功能。

　　以一个 4 口的宽带路由器为例，其接线方法如图 1-38 所示。宽带路由器的背板包括 5 个 RJ45 接口，其中独立的一个 RJ45 接口是 WAN 口，该接口用来接入外部的宽带（Internet），另外的 4 个 RJ45 接口为 LAN 口，这些接口就像一个 4 口的交换机，能把连接的计算机组建成一个局域网。

　　宽带路由器的接口连接完成后，接通电源，通过面板上的状态灯检查各接口的连接状态，正常状态是闪亮。

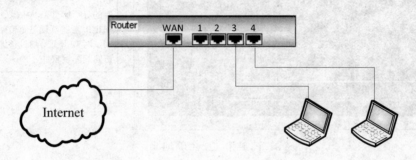

图 1-38　宽带路由器接线图

1.3.3　配置宽带路由器

　　宽带路由器安装完成后，要使其正确地运行，必须进行合理的设置。根据方案要求，宽带路由器需要做以下配置：

- 外网设置：接入社区宽带（Internet），服务商提供的连接信息——接入宽带的 IP 地址为 10.1.0.107、默认网关和 DNS 服务器为 10.0.0.1。
- 内网设置：把路由器的内网 IP 设置为 192.168.0.1；设置 DHCP，使客户端计算机可以自动获取 IP 地址。

图 1-39 至图 1-44 是 H3C Aolynk WBR60g 宽带路由器的详细配置过程。

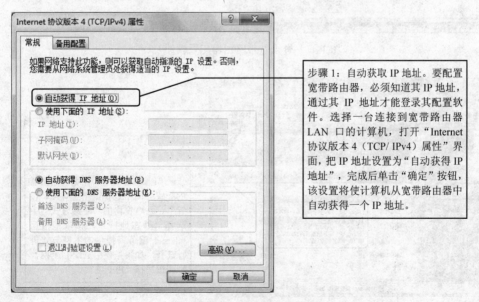

步骤 1：自动获取 IP 地址。要配置宽带路由器，必须知道其 IP 地址，通过其 IP 地址才能登录其配置软件。选择一台连接到宽带路由器 LAN 口的计算机，打开"Internet 协议版本 4（TCP/ IPv4）属性"界面，把 IP 地址设置为"自动获得 IP 地址"，完成后单击"确定"按钮，该设置将使计算机从宽带路由器中自动获得一个 IP 地址。

图 1-39　自动获取 IP 地址

步骤2：查看 IP 地址。在"命令提示符"中执行"ipconfig/all"命令，在结果中查看本地连接所获取的 IP 信息，其中默认网关或 DHCP 服务器就是宽带路由器的局域网 IP 地址，通过该地址可以访问其配置软件。

图 1-40　查看 IP 地址

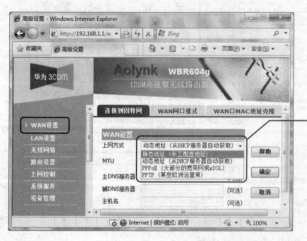

步骤 3：登录宽带路由器配置软件。在浏览器的地址栏中输入"http:// 192.168.1.1"并回车，在弹出的登录窗口中输入用户名和密码（从说明书中获取），完成后单击"确定"按钮，该项将登录路由器的 Web 配置界面。

图 1-41　登录宽带路由器配置软件

步骤4：WAN 设置。在宽带路由器的配置界面中选择菜单"WAN 设置"，在右窗格的"上网方式"中选择"静态地址"，该项是根据 Internet 服务商提供的上网方式进行选择，如果是使用 ADSL 上网，则应该选择"PPPoE"。

图 1-42　WAN 设置

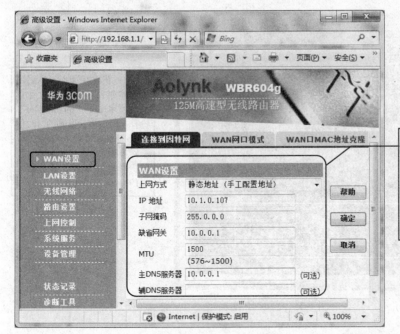

图 1-43　静态地址的上网方式配置

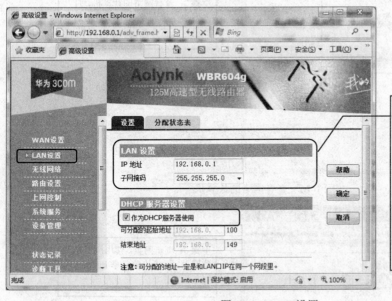

图 1-44　LAN 设置

1.3.4　客户端测试

宽带路由器安装和配置完成后，就可以通过客户端检验局域网连接和上网功能，测试过程如图 1-45 至图 1-47 所示。

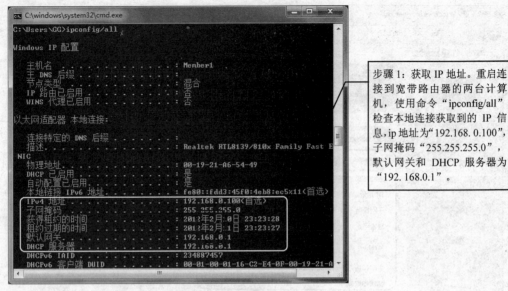

图 1-45　获取 IP 地址

步骤 1：获取 IP 地址。重启连接到宽带路由器的两台计算机，使用命令"ipconfig/all"检查本地连接获取到的 IP 信息，ip 地址为"192.168.0.100"，子网掩码"255.255.255.0"，默认网关和 DHCP 服务器为"192.168.0.1"。

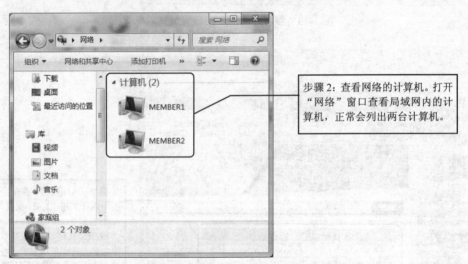

图 1-46　查看网络的计算机

步骤 2：查看网络的计算机。打开"网络"窗口查看局域网内的计算机，正常会列出两台计算机。

图 1-47　浏览网页

步骤 3：浏览网页。使用浏览器浏览网页，用于检验共享 Internet 功能是否正常。

1.3.5　知识点

一、网络设备——路由器（Router）

路由器是连通不同网络和选择信息传送路径的网络设备。路由器具有判断网络地址和选择路径的功能，用于连接多个逻辑上分开的网络，如局域网与局域网的连接或者局域网与广域网的连接，实际上，路由器是互联网络的枢纽，目前已经广泛应用于实现各种骨干网内部连接、骨干网间互联和骨干网与互联网互联。

1. 路由器工作原理

现有一个网络，网络拓扑结构如图 1-48 所示，网络 A（网络号为 192.168.0.0/24）和网络 B（网络号为 192.168.1.0/24）通过路由器连接在一起，现网络 A 的一台计算机 A1 向网络 B 的一台计算机 B2 发送一个数据信息，数据的传送过程如下：

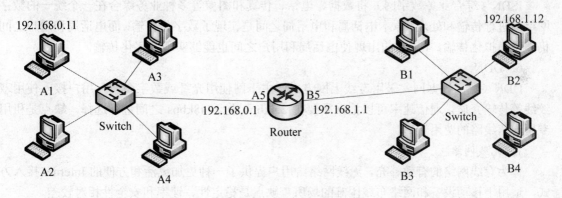

图 1-48　路由器原理

（1）A1 把数据帧（包括目的 IP 地址、源 IP 地址和数据）通过交换机以广播的方式发送出去。

（2）路由器的端口 A5 收到 A1 的数据帧后，读取目的 IP 地址并分析其网络号，发现目的 IP 地址的网络号和端号 B5 的网络号相同，于是就把数据帧发往端口 B5。

（3）路由器的端口 B5 收到 A1 的数据帧后，读取目的 IP 地址并分析其网络号，发现目的 IP 地址的网络号就是本网络，于是就把数据帧发往交换机，由交换机把数据帧转发给 B2。

2. 路由器分类

●　接入级路由器：用于连接家庭或小型企业。

●　企业级路由器：连接企业内部的多个子网。

●　骨干级路由器：实现企业级网络之间的互联。

二、Internet 接入方式

1. 电话拨号上网

拨号上网是通过电话线将计算机连接到 Internet，速度不超过 56kbps，是一种窄带接入方式，但也是最容易实现的一种 Internet 接入方式。电话线拨号上网使用的设备是 Modem（调制解调器），目前大部分的笔记本电脑都内置了 Modem，Modem 的主要功能是把数字信号调制成声音信号和把声音信号解调为数字信号。

2. ADSL

ADSL 利用现有的电话线路，通过 ADSL Modem 进行数字信息传输，它具有速率稳定、带宽独享、数字语音互不影响等特点，是目前家庭和小型局域网使用最多的一种 Internet 接入方式。ADSL 是非对称数字用户环路，也就是上行和下行的速度不一样，例如：2Mbps 的 ADSL 能提供 200Bytes/s 的下载速度和 64Bytes/s 的上传速度。

3. 有线网络

有线网络接入利用现有的有线电视线路（铜芯电缆），通过 Cable Modem（电缆调制解调器）进行数据传输，是家庭接入 Internet 的常用方式。

4. LAN 宽带

LAN 宽带是利用社区局域网的线路共享 Internet 的方式，它的主干网通常使用光纤，能实现智能管理、实时监控和家庭自动化等功能，但随着社区用户增多，网络速度会受到一定的影响。

5. ISDN

ISDN（综合业务数字网）将数据、电话、传真和图像等多种业务综合在一个统一的数字网络中进行传输和处理。原本电话局和电话局之间是实现了数字化传输，而电话局和用户之间仍然是模拟化传输，ISDN 的出现使电话局和用户之间也能够实现数字化传输。

6. DDN

DDN（数字数据网）采用专线上网方式，主干网使用光纤或数字微波，用户接入使用双绞线等传输介质，通信速率可以根据需要在 2.4kbps 至 2048kbps 之间进行选择，缺点是租用专用通信线路的费用较高。

7. 无线网络

作为有线网络的有效补充，无线网络给用户提供了一种更加灵活和方便的 Internet 接入方式，适用于移动设备和网络布线困难的场所，缺点是稳定性、速率和安全性相对较差。

三、常用共享 Internet 的方法

1. 硬件共享方式

硬件共享方式是通过一个路由器等硬件设备实现接入 Internet 和共享 Internet 的方式（结构如图 1-49 所示）。近几年，随着宽带接入的普及，宽带路由器应运而生，凭借其设置简单、维护管理方便和价格便宜等优势，已经成为家庭、宿舍和办公室等小型局域网共享 Internet 的首选设备。

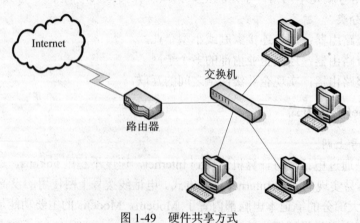

图 1-49　硬件共享方式

　　宽带路由器集成了用于接入 Internet 的以太网 WAN 接口，并且内置了多个端口的交换机，方便多台计算机连接成局域网和共享 Internet。宽带路由器除了具有路由功能外，通常还提供了 DHCP、防火墙、网络控制、无线局域网连接等功能。

　　2. 软件共享方式

　　软件共享方式是通过一台安装了代理服务器软件或地址转换软件的服务器实现接入 Internet 和共享 Internet 的方式（结构如图 1-50 所示），其优点是软件管理功能强大，缺点是过多依赖于服务器。用于共享 Internet 的服务器必须具有两个网络接口：一个连接外部的 Internet；一个连接内部的局域网。

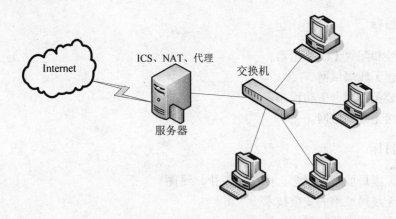

图 1-50　软件共享方式

　　实现软件共享 Internet 的方式有多种，如 ICS、代理服务器、NAT 等。

　　（1）ICS（Internet 连接共享）是 Windows 操作系统内置的一个连接共享 Internet 的工具，它设置简单，使用方便，适用于家庭网络和小型局域网。

　　（2）代理服务器是一个网络信息的中转站，它是介于内部网络和外部网络之间的一个中间机构，它负责接收内部网络客户端对外部网络的信息请求，并代替客户端去外部网络取得所需要的信息。代理服务器具有用户验证和管理、缓冲区、防火墙和节省 IP 等功能。常用的代理服务器软件有 WinGate 和 CCProxy 等。

　　（3）NAT（网络地址转换）能够将内部网络的私有 IP 地址转换成 Internet 合法的 IP 地址，从而使内部网络的计算机可直接与 Internet 上的计算机进行通信。常用的 NAT 软件有 SyGate 和 WinRoute 等，Windows Server 2003 操作系统内置的"路由与远程访问"也可以实现 NAT 功能。

项目二　无线局域网的组建

任务 2.1　无线多机组网

一、能力目标

- 会安装和配置无线路由器。
- 会组建无线局域网。
- 会安装无线网卡驱动程序。
- 会连接无线局域网。

二、知识目标

- 了解无线局域网（概念、标准、拓扑、硬件）
- 熟悉无线局域网的安全技术
- 熟悉无线路由器的配置

2.1.1　任务概述

一、任务描述

某公司的会议室没有固定的电脑，因此公司在网络初始建设的时候没有考虑到会议室使用网络的问题，只在会议室设置了一个网络信息点，但是随着开会时笔记本电脑的使用越来越多，而用笔记本来交流信息和上网等无线接入的需求也越来越大，因此公司计划在原有网络的基础上搭建一个无线网络。

二、需求分析

有人用"现在的空气充满了数据"来形容无线网络的发展，随着无线网络设备价格的逐渐走低，无线技术的应用已经无处不在。无线局域网弥补了有线网络布线困难、灵活性和扩展性差等不足，成为现在企业组建局域网的一个补充和扩展。

根据任务描述，公司希望搭建一个无线局域网来弥补原有网络的不足，无线局域网使用的地点是会议室，主要为移动的电脑和设备提供快速组网和连接 Internet 的服务。

三、方案设计

对于家庭、会议室和办公室等小范围的无线局域网组建最常使用的网络设备就是无线路由器，无线路由器除了可以作为无线接入设备之外，还具有共享 Internet、交换机、防火墙等一系列实用的功能。

根据公司建网的需求，方案使用无线路由器来搭建无线局域网，其网络拓扑结构如图 2-1 所示。

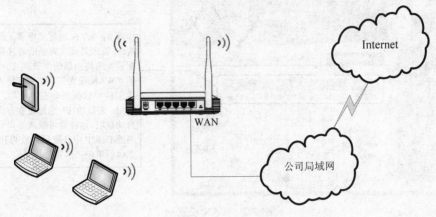

图 2-1 拓扑结构

方案的结构由以下部分组成：

1. 公司局域网

公司正在运行的有线局域网，局域网连接到 Internet，网内的计算机都能自动地获取 IP 地址和使用 Internet。

2. 无线路由器

无线路由器一方面连接到公司局域网，另一方面为会议室的计算机提供无线接入服务，其主要配置如下：

● WAN 端口连接到公司的局域网，动态获取 IP 地址。

● 开启无线服务，但要进行加密设置。

3. 笔记本电脑和移动设备

笔记本电脑（自带无线网卡）和移动设备可以连接到公司组建的无线局域网，能够和网内其他计算机交流信息并且可以使用 Internet。

四、实施步骤

无线多机组网任务可以分解为以下步骤：使用无线路由器组建无线局域网、客户端连接无线网络。

2.1.2 配置无线路由器

无线路由器经过简单的配置就可以快速地搭建无线局域网。根据方案的要求，无线路由器需要进行以下配置：

● WAN 端口：设置为动态获取 IP 地址，连接到公司的局域网后，能自动获取 IP 地址，并且该 IP 地址可以使用 Internet。

● 开启无线服务，但要进行加密设置，客户端需要密码才能接入，客户端成功连接后能自动获取 IP 地址，并且该 IP 地址可以使用 Internet。

图 2-2 至图 2-6 是 H3C Aolynk WBR60g 无线路由器的详细配置过程。

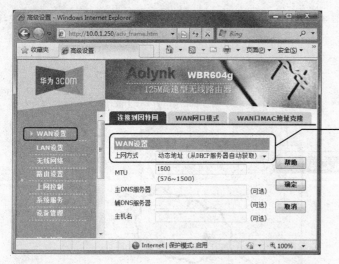

图 2-2　WAN 设置

步骤 1：WAN 设置。登录无线路由器 Web 管理界面（登录的方法参考前面配置宽带路由器的章节）；选择菜单中的"WAN 设置"，在右窗格"上网方式"栏中选择"动态地址"，该项将 WAN 端口的 IP 地址获取方式设置为自动获取，这样就可以从公司有线局域网的 DHCP 中获取到有效的 IP 地址；完成后单击"确定"按钮。

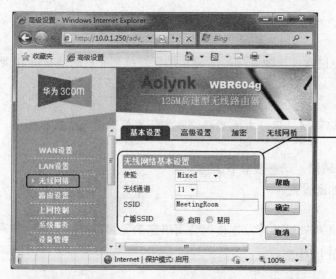

图 2-3　开启无线网络

步骤 2：开启无线网络。选择菜单中的"无线网络"，在右窗格的"基本设置"选项卡中，选择"使能"栏中的"Mixed"，该项将开启路由器的无线网络服务；在"SSID"栏中输入"MeetingRoom"，该项设置无线网络的名称，客户端通过该名称识别无线网络；在"广播 SSID"中设置"启用"，该项将把无线网络的名称广播出去，使所有客户端都能看见，如果选择"禁用"，客户端将看不到该网络，只能通过手工设置 SSID 才能进入该网络，该项是保护无线网络的一种方式；完成后单击"确定"按钮。

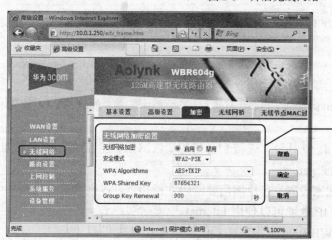

图 2-4　无线网络安全设置

步骤 3：无线网络安全设置。选择"无线网络"界面中的"加密"选项卡，选择"无线网络加密"栏中的"启用"，该项将开启无线网络加密功能；在"安全模式"栏中选择"WPA2-PSK"，该项是小型无线网络比较安全的数据加密模式；在"WPA Shared Key"中输入密码，客户端通过该密码才能接入无线网络；完成后单击"确定"按钮。

图 2-5　LAN 设置

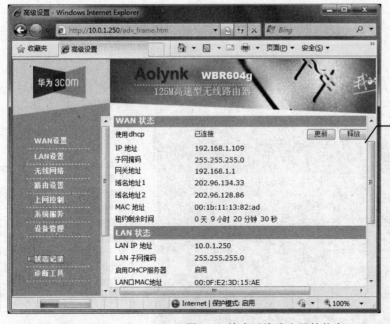

图 2-6　检查无线路由器的状态

2.1.3　连接无线网络

无线路由器的无线网络功能配置好并启动后，就可以通过客户端连接无线网络进行测试和使用了。客户端计算机要使用无线网络需要具备以下条件：

- 安装无线网卡硬件。
- 安装无线网卡驱动程序。

图 2-7 至图 2-14 是 H3C Aolynk WUB320g 无线网卡安装驱动程序和连接无线网络的详细过程。

步骤 1：安装无线网卡驱动程序。把无线网卡插入到计算机的 USB 接口，运行无线网卡的驱动安装程序，界面显示无线网卡的许可证协议，单击"是"按钮开始驱动程序的安装向导。

图 2-7　安装无线网卡驱动程序

步骤 2：选择配置工具。在"选择配置工具"界面中选择"微软无线配置工具"，该项将使用 Windows 操作系统自带的配置工具来配置无线网络，如果选择"Aolynk 无线配置工具"则使用网卡制造商提供的配置程序。

图 2-8　选择配置工具

图 2-9 驱动程序安装完成

步骤 3：驱动程序安装完成。驱动程序安装向导操作比较简单，根据提示一步一步操作就行，完成后会提示安装成功，单击"完成"按钮。

图 2-10 显示无线网卡

步骤 4：显示无线网卡。驱动程序安装完成后会在 Windows 任务栏中显示无线网卡的图标，单击该图标会列出无线网卡的使用菜单。

图 2-11 查看和连接无线网络

步骤 5：查看和连接无线网络。单击 Windows 任务栏的"网络连接"图标会弹出所有可用的无线网络列表，选择 SSID 为"MeetingRoom"的无线网络，在对话框中勾选"自动连接"，单击"连接"按钮，该项将连接到刚刚建立的无线局域网。

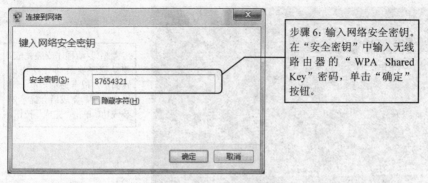

步骤 6：输入网络安全密钥。在"安全密钥"中输入无线路由器的"WPA Shared Key"密码，单击"确定"按钮。

图 2-12　输入网络安全密钥

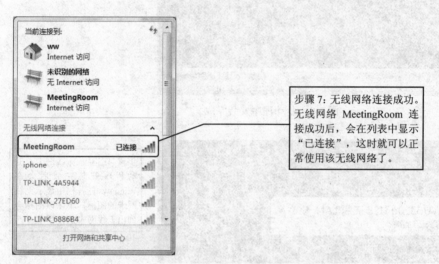

步骤 7：无线网络连接成功。无线网络 MeetingRoom 连接成功后，会在列表中显示"已连接"，这时就可以正常使用该无线网络了。

图 2-13　无线网络连接成功

步骤 8：查看无线网卡的 IP 信息。在"命令提示符"窗口中运行命令"ipconfig/all"，结果显示能正常从无线路由器中获取 IP 地址和 DNS 服务器等信息。
经过以上步骤，客户端计算机已经连接到无线局域网并且可以使用 Internet。

图 2-14　查看无线网卡的 IP 信息

2.1.4 知识点

一、无线局域网概述

无线局域网（WLAN，Wireless Local Area Network）是使用无线电波作为传输介质的局域网。它是有线局域网的一个有效的补充和扩展。无线局域网通常应用在移动计算机和设备、网络布线困难、临时网络组建等环境。

无线局域网具有以下特点：

- 安装便捷，节约成本。无线局域网减少了网络布线的工作量和成本投入，只要安装一个或多个接入点设备就可以创建覆盖整个区域的局域网络。
- 接入灵活，移动方便。在无线信号覆盖区域内的任何一个位置都可以接入无线局域网，并且可以在保持网络连接的情况下随意移动。
- 容易扩展，能够漫游。无线局域网有多种配置方式，网络规模可以从只有几个用户的小型局域网迅速地扩展到上千用户的大型网络，并且能够提供在节点间漫游的功能。

二、无线局域网拓扑结构

常用的无线局域网拓扑结构包括无线机双互联、无线对等网、有线无线混合网络和无线桥接等（无线局域网拓扑结构如图 2-15 所示）。

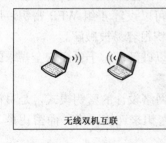

无线双机互联　　　　　　　　　无线对等网　　　　　　　　有线无线混合网络

图 2-15　无线局域网拓扑结构

无线双机互联：联网计算机只需要有无线网卡就可以构建最简单的无线网络，适用于接入计算机较少、距离较近但为了临时性的需要而组建的无线网络。

无线对等网：各台计算机通过无线 AP 接入无线网络并配置成局域网，从而实现资源共享和信息通信等功能。

有线无线混合网络：使用无线路由器等设备作为无线和有线的接入点，能够把无线网络和有线网络连接成一个局域网，从而实现两者之间的通信。

三、无线网络设备

1. 常用的无线局域网设备

- 无线网卡：和有线网卡的作用基本相同，它是计算机的无线网络接口，能够实现无线网络主机之间的连接和通信。
- 无线接入点（AP，Access Point）：和有线网络的集线器类似，它是移动计算机进入有线网络的接入点，能够实现无线计算机和有线网络之间的相互通信。无线 AP 是一个统称，它包括单纯性无线接入点、无线路由器、无线网关等无线设备。

- 无线天线：作用是对接收和发送的信号进行增强以增加无线网络的覆盖范围。

2. 无线局域网设备的选择

无线局域网设备的选择最主要考虑的因素就是设备采用的无线网络标准。

常用的无线网络标准如下：

- IEEE802.11a：使用 5GHz 频段，传输速度为 54Mbps。
- IEEE802.11b：使用 2.4GHz 频段，传输速度为 11Mbps 或 22Mbps，是目前主要使用的标准，但和 IEEE802.11a 不兼容。
- IEEE802.11g：使用 2.4GHz 频段，传输速度为 54Mbps 或 108Mbps，向下兼容 IEEE802.11b。
- IEEE802.11n：使用 2.4GHz 频段，传输速度为 300Mbps，目前正在逐渐普及。

四、无线局域网的安全技术

无线通信的安全性能是无线局域网的关键性能之一，也是企业选择是否搭建无线局域网着重要考虑的因素之一。

目前，常用的无线网络安全机制有：

- SSID（服务集标识符）：无线网络的名称，客户端通过该名称识别和连接无线网络。SSID 由 AP 对外广播，容易被入侵和伪装，可以通过隐藏 SSID 的方式保护无线网络。
- 物理地址（MAC）过滤控制：AP 上可以设置合法的 MAC 地址记录，只允许合法的 MAC 地址访问无线网络，这种方法只适合于小型网络，MAC 地址容易被伪装。
- WEP（有线对等保密机制）：一种对数据加密的机制，可以设置 4 组 WEP 密钥，用户可以使用其中任何一个密钥进行访问，但是 WEP 密钥很容易被破解。
- WPA（WiFi 保护访问技术）：使用 TKIP 加密技术，难以破解，对于更高安全需求的企业级用户，还可以使用 WPA2 技术。
- WPA-PSK（WPA 预共用密钥模式）：专门为小型无线网络设计的密钥模式，是目前使用最广泛的无线保护机制，每一个使用者必须输入密钥来连接网络，而密钥是 8 个以上的 ASCII 字符。

任务 2.2　无线双机互联

一、能力目标

- 会配置无线双机网络。
- 会使用 ICS 共享 Internet。

二、知识目标

- 熟悉无线局域网的组建。
- 熟悉使用 ICS 共享 Internet。

2.2.1　任务概述

一、任务描述

小陈是公司业务员，经常要拿着笔记本电脑向客户推广公司产品，但是常常遇到电脑信息交流困难等问题，引起了诸多不便。例如，小陈的笔记本电脑要和客户的计算机互相拷贝文件，但是手上又没有 U 盘等移动存储设备，小陈要联网登录公司的网站，但笔记本又暂时不能无线上网。小陈和客户的笔记本电脑都有无线网卡，能不能使用无线网卡组建成临时的网络，实现共享文件和共享客户的 Internet 呢？

二、需求分析

随着无线局域网的应用越来越广泛，无线网卡已经成为电脑的标准配置，使用无线网卡实现双机组网不仅可以解决网线和网络设备等的制约，而且实施起来简单快捷。

根据任务描述，小陈希望使用两台电脑的无线网卡实现以下功能：

● 组建局域网实现信息共享。
● 共享 Internet。

三、方案设计

根据任务的描述，小陈和客户两台电脑组建无线局域网的方法可以有两种：一是小陈连接到客户单位的无线局域网，这样就可以和客户电脑在同一个局域网内，实现文件共享和 Internet 共享，这种方法的实施可以参考上一节的内容，但该方法涉及到客户单位有没有无线局域网和网络的使用权限等问题；另一种是把两台电脑组建成一个临时的无线局域网，这种方法也能快速完成任务。

根据小陈的组网需求，方案采用的方法为将两台电脑组建成一个临时的无线局域网，其网络拓扑结构如图 2-16 所示。

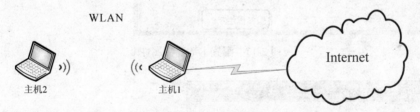

图 2-16 拓扑结构图

方案的结构由以下部分组成：

1. 主机 1

主机 1 一方面通过普通网卡连接到 Internet，另一方面带有空闲的无线网卡，两个网卡对应以下功能：

● 无线网卡：创建临时无线局域网，接受无线接入申请；
● 普通网卡：连接 Internet，共享 Internet。

2. 主机 2

主机 2 通过无线网卡接入到主机 1 创建的无线局域网，并可以使用主机 1 共享的 Internet。

四、实施步骤

无线双机组网任务可以分解为以下步骤：创建临时无线网络、共享 Internet、连接临时无线网络。

2.2.2 创建临时无线网络

Windows 7 操作系统自带了创建无线临时网络的功能,该功能可以快速地搭建双机无线局域网。根据方案的要求,在主机 1 中创建临时无线局域网,创建过程主要包括两个任务:

● 配置无线网卡的 IP 地址。
● 创建临时无线网络。

图 2-17 至图 2-26 是创建临时无线网络的详细步骤。

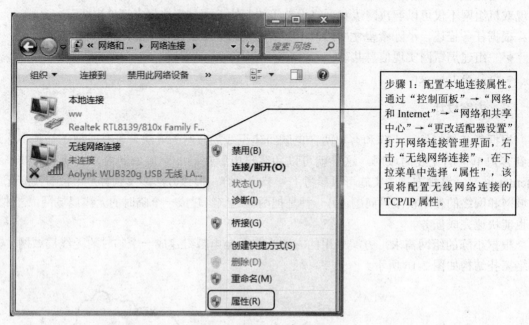

图 2-17 配置本地连接属性

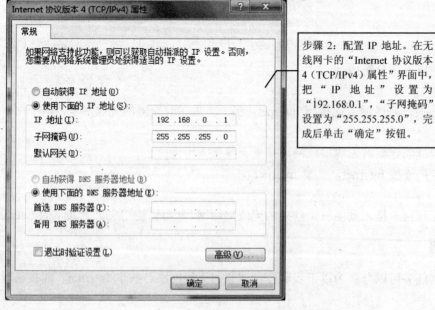

图 2-18 配置 IP 地址

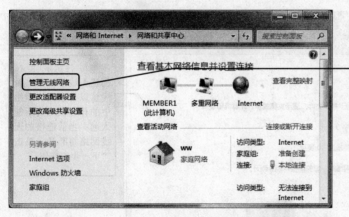

图 2-19　管理无线网络

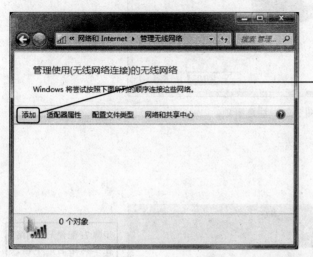

图 2-20　添加无线网络

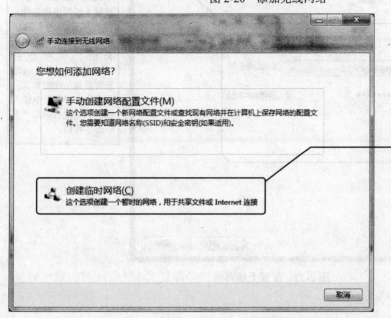

图 2-21　创建临时网络

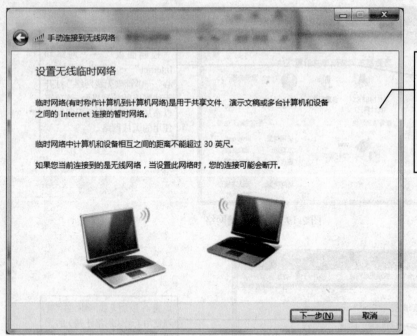

步骤6：注意事项。在创建无线临时网络时注意以下事项：网络中的计算机距离不能太远；当前连接的无线网络将断开。单击"下一步"按钮。

图2-22 注意事项

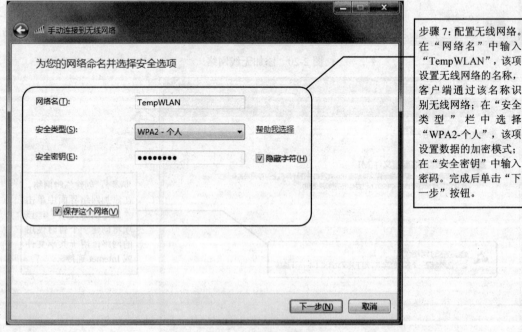

步骤7：配置无线网络。在"网络名"中输入"TempWLAN"，该项设置无线网络的名称，客户端通过该名称识别无线网络；在"安全类型"栏中选择"WPA2-个人"，该项设置数据的加密模式；在"安全密钥"中输入密码。完成后单击"下一步"按钮。

图2-23 配置无线网络

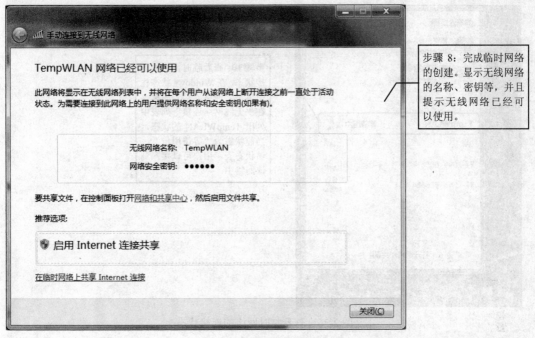

图 2-24　完成临时网络的创建

步骤 8：完成临时网络的创建。显示无线网络的名称、密钥等，并且提示无线网络已经可以使用。

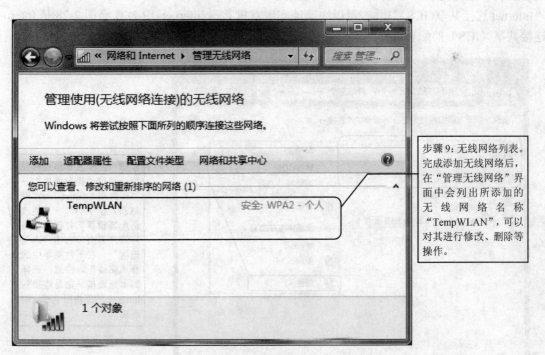

图 2-25　无线网络列表

步骤 9：无线网络列表。完成添加无线网络后，在"管理无线网络"界面中会列出所添加的无线网络名称"TempWLAN"，可以对其进行修改、删除等操作。

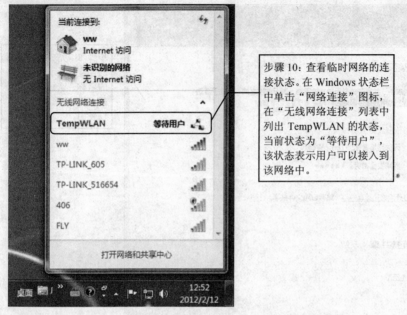

图 2-26 查看临时网络的连接状态

步骤 10：查看临时网络的连接状态。在 Windows 状态栏中单击"网络连接"图标，在"无线网络连接"列表中列出 TempWLAN 的状态，当前状态为"等待用户"，该状态表示用户可以接入到该网络中。

2.2.3 Internet 连接共享（ICS）

根据任务需求，方案除了要为两台计算机创建临时无线局域网外，还要实现共享 Internet。现在主机 1 已经完成了临时无线局域网的创建，接下来要实现 Internet 共享。Windows 提供了"Internet 连接共享（ICS）"功能，可以快速地实现双机共享 Internet。图 2-27 至图 2-28 是 Internet连接共享（ICS）的配置过程。

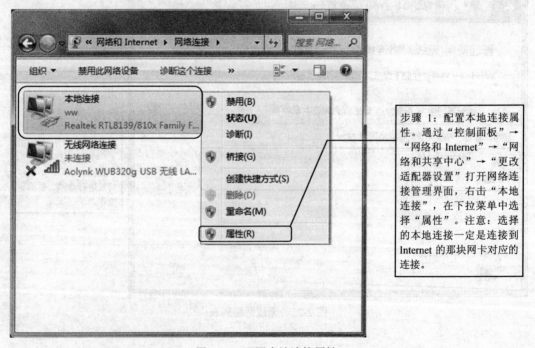

步骤 1：配置本地连接属性。通过"控制面板"→"网络和 Internet"→"网络和共享中心"→"更改适配器设置"打开网络连接管理界面，右击"本地连接"，在下拉菜单中选择"属性"。注意：选择的本地连接一定是连接到Internet 的那块网卡对应的连接。

图 2-27 配置本地连接属性

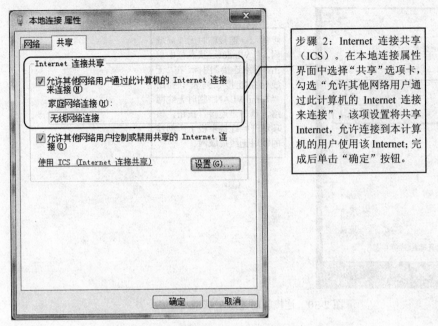

步骤 2：Internet 连接共享（ICS）。在本地连接属性界面中选择"共享"选项卡，勾选"允许其他网络用户通过此计算机的 Internet 连接来连接"，该项设置将共享 Internet，允许连接到本计算机的用户使用该 Internet；完成后单击"确定"按钮。

图 2-28 Internet 连接共享（ICS）

2.2.4 连接临时无线网络

主机 1 完成了临时无线局域网和共享 Internet 功能配置后，主机 2 就可以连接到临时无线局域网和实现资源共享了。图 2-29 至图 2-33 是主机 2 的配置过程。

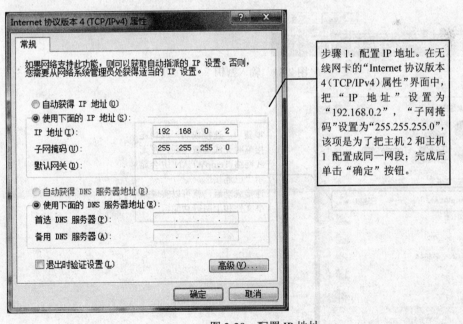

步骤 1：配置 IP 地址。在无线网卡的"Internet 协议版本 4（TCP/IPv4）属性"界面中，把"IP 地址"设置为"192.168.0.2"，"子网掩码"设置为"255.255.255.0"，该项是为了把主机 2 和主机 1 配置成同一网段；完成后单击"确定"按钮。

图 2-29 配置 IP 地址

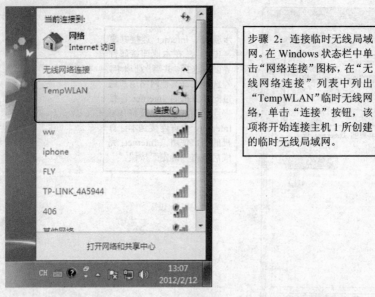

图 2-30   连接临时无线局域网

步骤 2：连接临时无线局域网。在 Windows 状态栏中单击"网络连接"图标，在"无线网络连接"列表中列出"TempWLAN"临时无线网络，单击"连接"按钮，该项将开始连接主机 1 所创建的临时无线局域网。

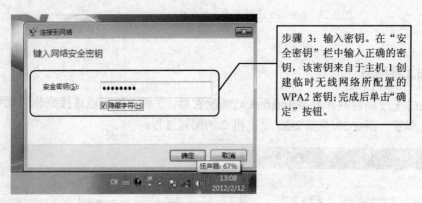

图 2-31   输入密钥

步骤 3：输入密钥。在"安全密钥"栏中输入正确的密钥，该密钥来自于主机 1 创建临时无线网络所配置的 WPA2 密钥；完成后单击"确定"按钮。

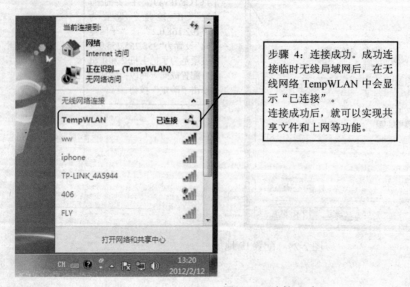

图 2-32   连接成功

步骤 4：连接成功。成功连接临时无线局域网后，在无线网络 TempWLAN 中会显示"已连接"。
连接成功后，就可以实现共享文件和上网等功能。

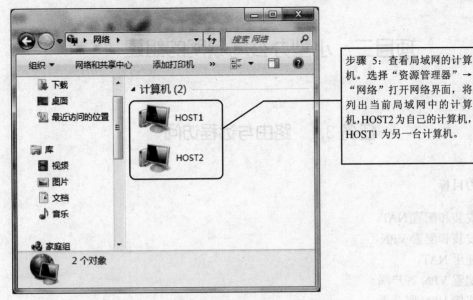

步骤 5：查看局域网的计算机。选择"资源管理器"→"网络"打开网络界面，将列出当前局域网中的计算机，HOST2 为自己的计算机，HOST1 为另一台计算机。

图 2-33 查看局域网的计算机

项目三 小型办公局域网的组建

任务 3.1 路由与远程访问

一、能力目标

- 会安装和配置 NAT。
- 会安装和配置 VPN。
- 会使用 NAT。
- 会配置 VPN 客户端。
- 会连接 VPN 服务器。

二、知识目标

- 了解 NAT 的基础知识。
- 理解 NAT 的工作原理。
- 了解 VPN 的基础知识。

3.1.1 任务概述

一、任务描述

随着互联网的发展和电子政务的应用，某公司面临内部局域网连接 Internet 和办公自动化系统的外网使用等问题。为了方便内部局域网的管理和保护内网的计算机，公司只申请了一个 Internet 合法的 IP 地址，内部局域网的所有计算机都使用该 IP 地址连接 Internet；另外，公司希望出差员工、经销商和合作伙伴能够随时随地地通过 Internet 安全访问公司的资源，如公司的内部文件、办公自动化系统和 ERP 系统等。

二、需求分析

大多数企业都有 Internet 接入技术的选择问题。由于接入 Internet 的计算机数量不断增长和 Internet 合法的 IP 地址严重不足，为企业的每位员工分配一个 Internet 合法的 IP 地址是不太现实的，另外，为了保护企业内部网络的计算机，避免来自外部网络的攻击，企业通常只申请一个或几个 Internet 合法的 IP 地址，企业内部网络的计算机都共用这些 IP 地址连接到 Internet。

目前越来越多的企业改变了传统的办公方式，建立了企业办公自动化系统和 ERP（企业资源计划）系统，企业员工除了可以在企业内部网络实现高效的无纸化办公外，他们还希望可以在任何时间和地点通过 Internet 远程连接到公司的内部网络进行办公。

根据任务描述，该公司希望实现以下功能：

- 所有内部局域网的计算机使用一个 Internet 合法的 IP 地址连接 Internet。

● 授权用户可以通过 Internet 连接公司内部网络并安全地访问公司内部资源。

三、方案设计

方案主要解决的问题是选择公司内部局域网和 Internet 连接的技术,一方面是内网计算机访问外部 Internet 的技术,另一方面是 Internet 上的计算机访问内部网络的技术。

NAT(网络地址转换)是实现 IP 地址转换的技术,在公司内部网络使用自定义的私有 IP 地址,当与外部网络进行通信时,则将私有 IP 地址转换为 Internet 公网上可识别的合法 IP 地址。NAT 缓解了公网 IP 地址不足的问题,方便内部 IP 地址规划,而且隐藏并保护网络内部的计算机,避免来自外部网络的攻击。实现 NAT 的方法有多种,包括用路由器、防火墙、双网卡计算机等。

VPN(虚拟专用网)是在公用网络上建设专用网络的技术,它为远程用户通过 Internet 连接公司的内部网络建立可信的安全连接,并且保证数据的传输安全。实现 VPN 的方法有多种,常用的有 VPN 路由器和 VPN 服务器等。

Windows Server 2003 操作系统提供了一个快速且实用的解决方案:使用"路由和远程访问"功能实现网络地址转换(NAT)和虚拟专用网络(VPN)。方案的拓扑结构如图 3-1 所示。

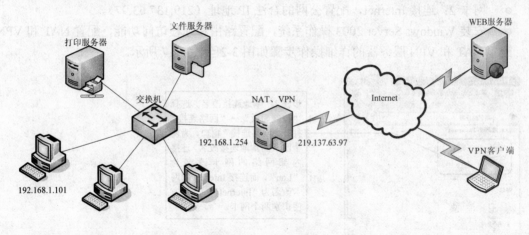

图 3-1　拓扑结构图

方案的结构由以下部分组成:

1. NAT、VPN 服务器

把一台计算机同时配置为 NAT 和 VPN 服务器,不仅能让公司内部网络的计算机可以访问 Internet 上的 WEB 服务器,也可以让外部的员工通过 Internet 安全访问公司内部的服务资源。

NAT 和 VPN 服务器负责公司内部网络和外部 Internet 的连接,安装了两个网卡,服务器的配置如下:

● 网卡 1:连接公司内部网络,配置内部局域网的私有 IP 地址。
● 网卡 2:连接 Internet,配置公网的合法 IP 地址。
● 配置路由和远程访问功能,配置 NAT 使得内部网络和外部网络能正常通信,配置 VPN 服务器使得 Internet 的 VPN 客户端可以正常访问内部网络的资源。

2. 内部网络

内部网络的计算机使用私有的 IP 地址,当与外部网络通信时,则通过 NAT 服务器将私有 IP 地址转换为公网合法的 IP 地址,这样就可以正常访问外部网络。

3. 外部网络

把连接到 Internet 的计算机配置为 VPN 客户端，借用 Internet 和 VPN 服务器建立专用网络链路，从而可以安全地访问公司内部网络的资源。

四、实施步骤

方案的实施步骤依次为：配置 NAT 和 VPN 服务器、添加远程访问账户、客户端使用 NAT、配置 VPN 客户端、客户端连接 VPN 服务器。

3.1.2 配置 NAT 和 VPN 服务器

根据方案的要求，需要将一台安装了双网卡的计算机配置为 NAT 和 VPN 服务器，该服务器负责公司内部网络和外部 Internet 的连接，并且实现 NAT 和 VPN 功能，服务器需要进行以下配置：

- 网卡 1：连接公司内部网络（网络号为 192.168.1.0/24），配置内部局域网的私有 IP 地址（192.168.1.254）。
- 网卡 2：连接 Internet，配置公网的合法 IP 地址（219.137.63.97）。
- 安装 Windows Server 2003 操作系统，配置路由和远程访问功能，配置 NAT 和 VPN。

配置 NAT 和 VPN 服务器的详细操作步骤如图 3-2 至图 3-17 所示。

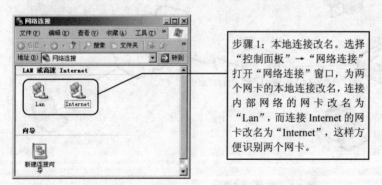

步骤1：本地连接改名。选择"控制面板"→"网络连接"打开"网络连接"窗口，为两个网卡的本地连接改名，连接内部网络的网卡改名为"Lan"，而连接 Internet 的网卡改名为"Internet"，这样方便识别两个网卡。

图 3-2 本地连接改名

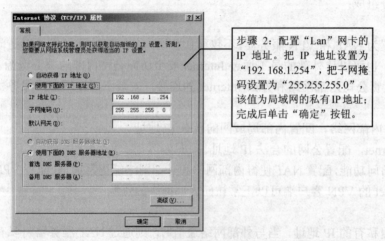

步骤 2：配置"Lan"网卡的 IP 地址。把 IP 地址设置为"192.168.1.254"，把子网掩码设置为"255.255.255.0"，该值为局域网的私有 IP 地址；完成后单击"确定"按钮。

图 3-3 配置 Lan 网卡的 IP 地址

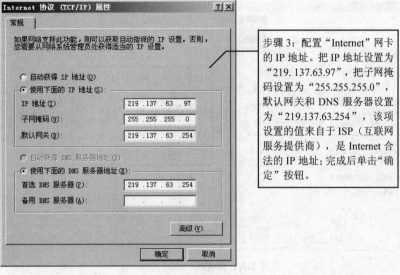

步骤3：配置"Internet"网卡的IP地址。把IP地址设置为"219.137.63.97"，把子网掩码设置为"255.255.255.0"，默认网关和DNS服务器设置为"219.137.63.254"，该项设置的值来自于ISP（互联网服务提供商），是Internet合法的IP地址；完成后单击"确定"按钮。

图3-4 配置"Internet"网卡的IP地址

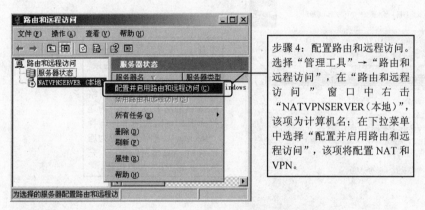

步骤4：配置路由和远程访问。选择"管理工具"→"路由和远程访问"，在"路由和远程访问"窗口中右击"NATVPNSERVER（本地）"，该项为计算机名；在下拉菜单中选择"配置并启用路由和远程访问"，该项将配置NAT和VPN。

图3-5 配置路由和远程访问

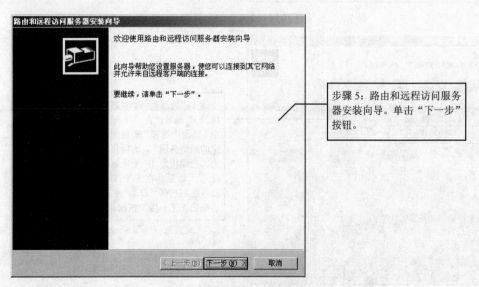

步骤5：路由和远程访问服务器安装向导。单击"下一步"按钮。

图3-6 路由和远程访问服务器安装向导

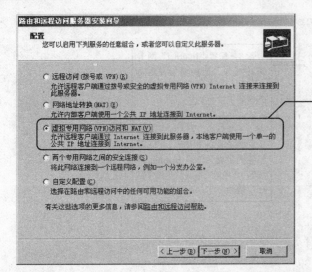

步骤 6：配置 NAT 和 VPN。在"配置"界面中选择"虚拟专用网络（VPN）访问和 NAT"，该项将同时配置 VPN 和 NAT；完成后单击"下一步"按钮。

图 3-7　配置 NAT 和 VPN

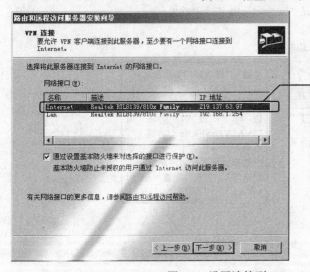

步骤 7：设置连接到 Internet 的网络接口。在"VPN 连接"界面中列出两个网络接口："Internet"为连接外部网络 Internet 的网卡，"Lan"为连接内部局域网的网卡；选择"Internet"，把该项设置为连接到 Internet 的网络接口；完成后单击"下一步"按钮。

图 3-8　设置连接到 Internet 的网络接口

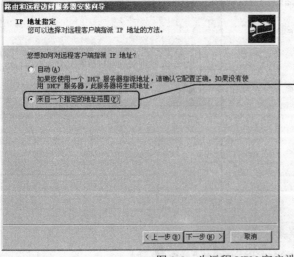

步骤 8：为远程 VPN 客户端指派 IP 地址。在"IP 地址指定"界面中选择"来自一个指定的地址范围"，该项将手动为客户端指定 IP 地址范围；注意：如果存在一个 DHCP 服务器则选择"自动"；完成后单击"下一步"按钮。

图 3-9　为远程 VPN 客户端指派 IP 地址

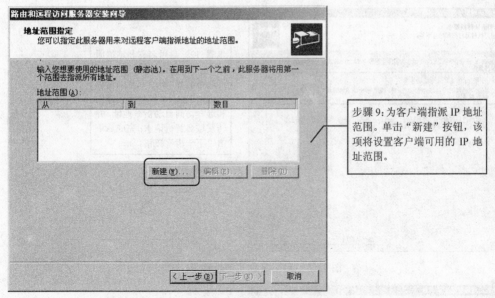

步骤 9：为客户端指派 IP 地址范围。单击"新建"按钮，该项将设置客户端可用的 IP 地址范围。

图 3-10 为客户端指派 IP 地址范围

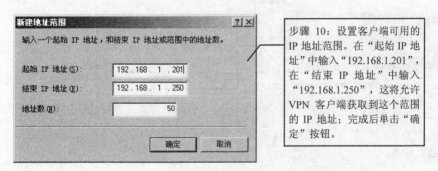

步骤 10：设置客户端可用的 IP 地址范围。在"起始 IP 地址"中输入"192.168.1.201"，在"结束 IP 地址"中输入"192.168.1.250"，这将允许 VPN 客户端获取到这个范围的 IP 地址；完成后单击"确定"按钮。

图 3-11 设置客户端可用的 IP 地址范围

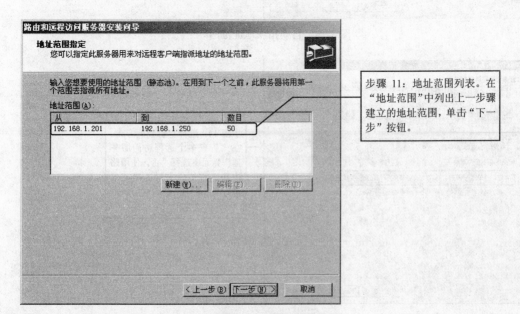

步骤 11：地址范围列表。在"地址范围"中列出上一步骤建立的地址范围，单击"下一步"按钮。

图 3-12 地址范围列表

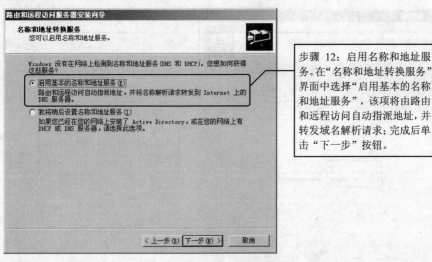

步骤 12：启用名称和地址服务。在"名称和地址转换服务"界面中选择"启用基本的名称和地址服务"，该项将由路由和远程访问自动指派地址，并转发域名解析请求；完成后单击"下一步"按钮。

图 3-13　启用名称和地址服务

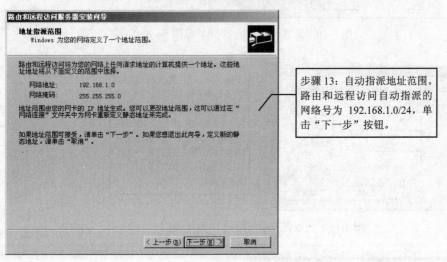

步骤 13：自动指派地址范围。路由和远程访问自动指派的网络号为 192.168.1.0/24，单击"下一步"按钮。

图 3-14　自动指派地址范围

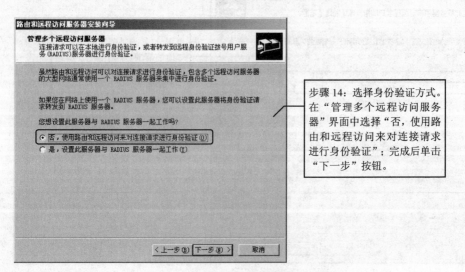

步骤 14：选择身份验证方式。在"管理多个远程访问服务器"界面中选择"否，使用路由和远程访问来对连接请求进行身份验证"；完成后单击"下一步"按钮。

图 3-15　选择身份验证方式

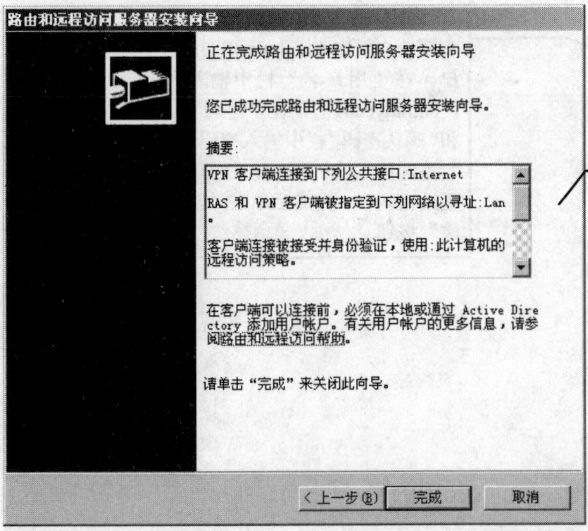

步骤 15：完成路由和远程访问服务器安装向导。单击“完成”按钮。
至此，NAT 和 VPN 服务器已经配置完成。

图 3-16　完成路由和远程访问服务器安装向导

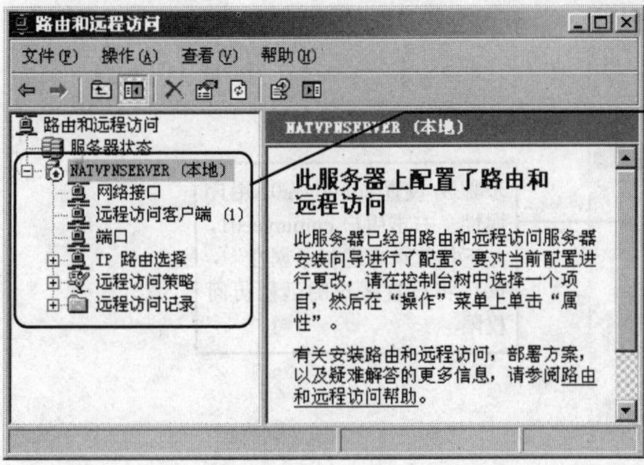

步骤 16：查看路由和远程访问服务器。选择“管理工具”→“路由和远程访问”，在“路由和远程访问”窗口将列出正在运行的服务器，该界面可以对 NAT 和 VPN 服务器进行管理。

图 3-17　查看路由和远程访问服务器

3.1.3　添加远程访问账户

VPN 服务器配置完成后，远程 VPN 客户端要成功连接 VPN 服务器，需要有 VPN 服务器授权的账户。VPN 连接账户的建立过程如图 3-18 至图 3-21 所示。

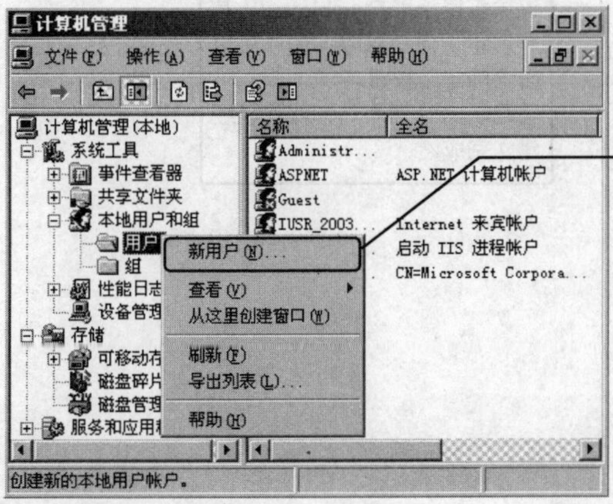

步骤 1：新建用户。在 VPN 服务器中选择“管理工具”→“计算机管理”，在“计算机管理”界面中右击“用户”，在下拉菜单中选择“新用户”，该项将新建 Windows 账户。

图 3-18　新建用户

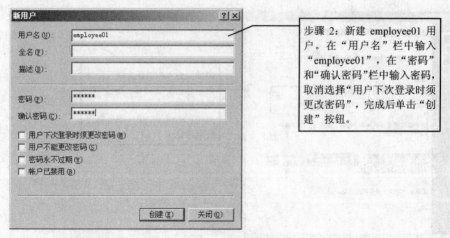

步骤 2：新建 employee01 用户。在"用户名"栏中输入"employee01"，在"密码"和"确认密码"栏中输入密码，取消选择"用户下次登录时须更改密码"，完成后单击"创建"按钮。

图 3-19   新建 employee01 用户

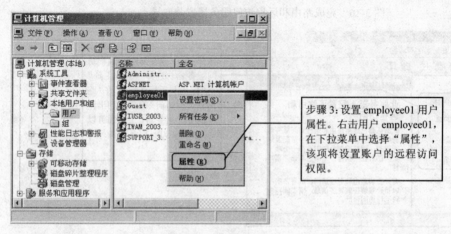

步骤 3：设置 employee01 用户属性。右击用户 employee01，在下拉菜单中选择"属性"，该项将设置账户的远程访问权限。

图 3-20   设置"employee01"用户属性

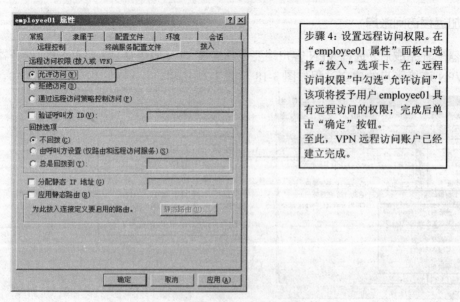

步骤 4：设置远程访问权限。在"employee01 属性"面板中选择"拨入"选项卡，在"远程访问权限"中勾选"允许访问"，该项将授予用户 employee01 具有远程访问的权限；完成后单击"确定"按钮。

至此，VPN 远程访问账户已经建立完成。

图 3-21   设置远程访问权限

3.1.4 客户端使用 NAT

NAT 服务器主要实现将公司内部网络的私有 IP 地址转换为 Internet 上合法的 IP 地址，从而达到公司内部网络的计算机共享 Internet 的目的。经过前面的步骤，NAT 服务器已经配置完成并且启动运行，借助该 NAT 服务器，公司内部网络的计算机就可以访问外部的 Internet。客户端使用 NAT 服务器的配置和测试过程如图 3-22 至图 3-23 所示。

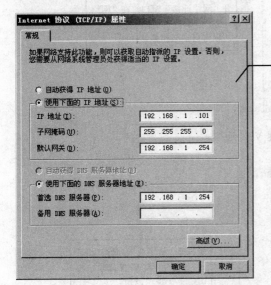

步骤 1：配置客户端计算机的 IP 地址。根据公司内部网络 IP 的分配规则（网络号为 192.168.1.0/24），把内网的一台计算机的 IP 地址设置为"192.168.1.101"，子网掩码设置为"255.255.255.0"；注意：默认网关必须设置为"192.168.1.254"，也就是 NAT 服务器连接内部网络的 IP 地址，该项设置代表所有对外网 IP 的访问都交给 NAT 服务器来处理；首选 DNS 服务器配置为"192.168.1.254"，该项代表对所有域名的解释都由 NAT 服务器来处理。

图 3-22 配置客户端计算机的 IP 地址

步骤 2：访问 Internet。使用浏览器访问 Internet 上的网站，检查是否能正常打开网页，如果成功则代表 NAT 服务器运行正常。

图 3-23 访问 Internet

3.1.5 配置 VPN 客户端和连接 VPN 服务器

VPN 服务器主要为 Internet 上的计算机和企业内部网络建立一个桥梁，通过 VPN 服务器，Internet 上的计算机就像在企业内部网络一样安全地访问企业资源。把 Internet 上的计算机配置为 VPN 客户端需要明确两个要素：VPN 服务器地址和远程访问账号。图 3-24 至图 3-36 是配置 VPN 客户端和连接 VPN 服务器的具体操作过程。

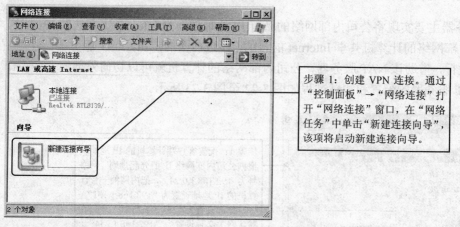

步骤 1：创建 VPN 连接。通过"控制面板"→"网络连接"打开"网络连接"窗口，在"网络任务"中单击"新建连接向导"，该项将启动新建连接向导。

图 3-24　创建 VPN 连接

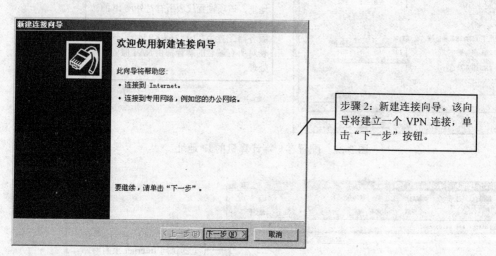

步骤 2：新建连接向导。该向导将建立一个 VPN 连接，单击"下一步"按钮。

图 3-25　新建连接向导

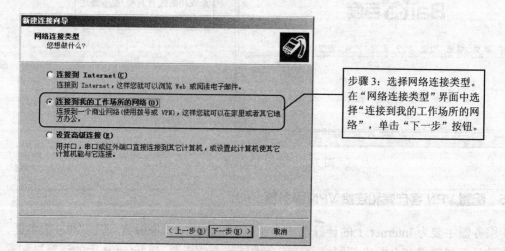

步骤 3：选择网络连接类型。在"网络连接类型"界面中选择"连接到我的工作场所的网络"，单击"下一步"按钮。

图 3-26　选择网络连接类型

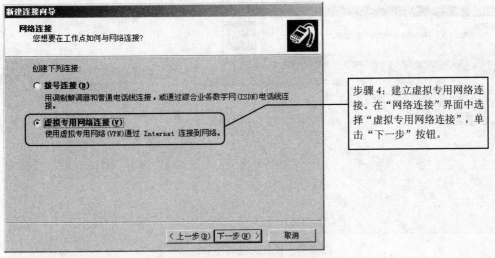

图 3-27　建立虚拟专用网络连接

步骤 4：建立虚拟专用网络连接。在"网络连接"界面中选择"虚拟专用网络连接"，单击"下一步"按钮。

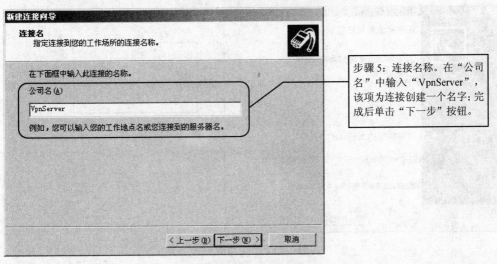

图 3-28　连接名称

步骤 5：连接名称。在"公司名"中输入"VpnServer"，该项为连接创建一个名字；完成后单击"下一步"按钮。

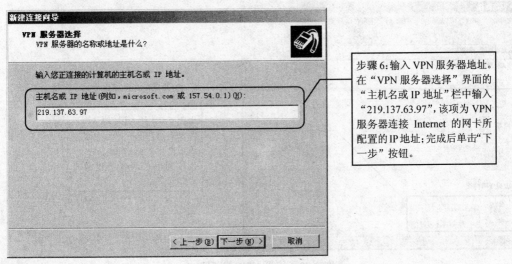

图 3-29　输入 VPN 服务器地址

步骤 6：输入 VPN 服务器地址。在"VPN 服务器选择"界面的"主机名或 IP 地址"栏中输入"219.137.63.97"，该项为 VPN 服务器连接 Internet 的网卡所配置的IP地址；完成后单击"下一步"按钮。

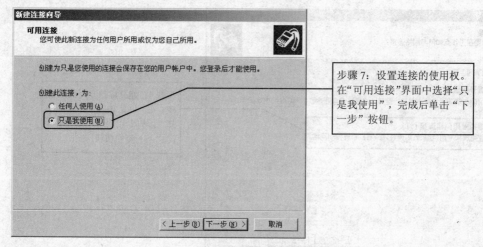

图 3-30 设置连接的使用权

步骤 7：设置连接的使用权。在"可用连接"界面中选择"只是我使用"，完成后单击"下一步"按钮。

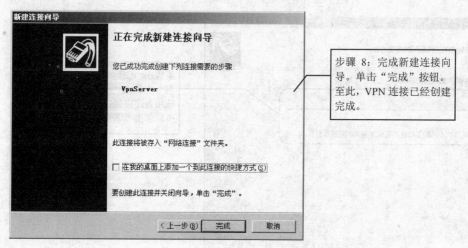

图 3-31 完成新建连接向导

步骤 8：完成新建连接向导。单击"完成"按钮。至此，VPN 连接已经创建完成。

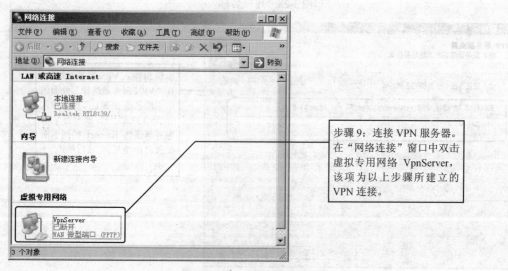

图 3-32 连接 VPN 服务器

步骤 9：连接 VPN 服务器。在"网络连接"窗口中双击虚拟专用网络 VpnServer，该项为以上步骤所建立的 VPN 连接。

步骤 10：输入远程访问账户。在"连接 VpnServer"对话框中输入 VPN 服务器远程访问的用户名和密码；完成后单击"连接"按钮，这时客户端将尝试和远程 VPN 服务器建立连接。

图 3-33 输入远程访问账户

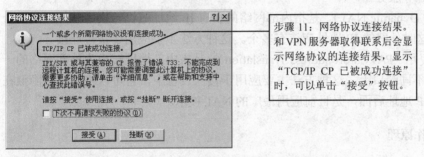

步骤 11：网络协议连接结果。和 VPN 服务器取得联系后会显示网络协议的连接结果，显示"TCP/IP CP 已被成功连接"时，可以单击"接受"按钮。

图 3-34 网络协议连接结果

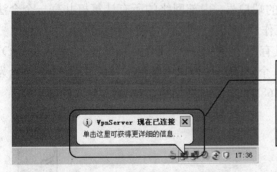

步骤 12：成功连接。成功和 VPN 服务器建立连接后，在任务栏中会显示网络连接图标，这时就可以通过 VPN 服务器访问企业内部网络的资源。

图 3-35 成功连接

步骤 13：查看 VPN 连接状态。在"命令提示符"窗口中运行"ipconfig /all"命令，结果显示 VPN 连接 VpnServer 的 IP 地址，该地址为公司内部网络的私有地址，代表客户端已经可以访问内网的资源。

图 3-36 查看 VPN 连接状态

3.1.6　知识点

一、NAT 的概念、功能及类型

NAT 是网络地址转换（Network Address Translation）的简称，是一种将内部私有 IP 地址转化为公共网络合法 IP 地址的技术。NAT 不仅可以缓解 IPv4 的 IP 地址不足的问题，而且还能隐藏并保护网络内部的计算机，避免来自外部网络的攻击。在实际应用中，NAT 主要用于实现私有网络连接 Internet 的功能。

NAT 有三种类型：

- 静态转换（Static NAT），是指内部网络中的某个私有 IP 地址被永久转换为外部网络中的某个合法的地址。这种方法主要实现内部网络中有对外提供服务的服务器，如 WEB、FTP 等服务器。
- 动态转换（Dynamic NAT），是指内部网络的私有 IP 地址随机转换为外部网络的合法 IP 地址，这时外网的 IP 地址应该有多个。这种方法主要应用于拨号连接。
- 端口多路复用（PAT，Port address Translation），是指内部地址转换为外部网络的一个 IP 地址的不同端口上。这种方法主要应用于接入设备中，它可以将局域网隐藏在一个合法的 IP 地址后面，是目前应用最广的 NAT 技术。

二、NAT 的工作原理

Windows Server 2003 操作系统的"路由和远程访问"中配置的 NAT 功能是 PAT（端口多路复用）技术，它能转换发往外部网络数据包的端口号，内部网络的所有计算机共享一个合法的外部 IP 地址，实现对 Internet 的访问。其工作原理如下：

某公司配置了一台 NAT 服务器，服务器具有两个网卡，一个用于连接外部网络（Internet），配置了公用合法的 IP 地址 219.137.63.97，另一个用于连接公司内部的网络，设置的 IP 地址为 192.168.1.1，内部网络使用的网络 ID 是 192.168.1.0。其网络拓扑结构如图 3-37 所示。

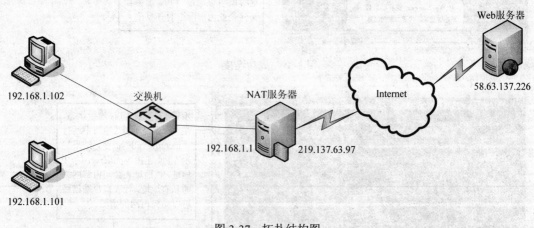

图 3-37　拓扑结构图

当公司内部网络的一台计算机（IP 地址为 192.168.1.101）要访问外部网络 Internet 上的

Web 服务器（IP 地址为 58.63.137.226）时，NAT 的工作过程如下所示：

（1）内部网络的计算机向 NAT 服务器发送数据包，数据包含有下列信息：

◇ 目标 IP 地址：58.63.137.226，目标端口：80。

◇ 源 IP 地址：192.168.1.101，源端口：4085。

（2）NAT 服务器转换数据包，并把数据包发向外部网络的 Web 服务器，数据包含有下列信息：

◇ 目标 IP 地址：58.63.137.226，目标端口：80。

◇ 源 IP 地址：219.137.63.97，源端口：2037。

注意：NAT 进行数据包端口转换后，将在协议表中保留"192.168.1.101：4085"到"219.137.63.97：2037"的映射记录。

（3）Web 服务器收到 NAT 服务器发送的数据包后，进行处理，然后回应数据包，数据包含有下列信息：

◇ 目标 IP 地址：219.137.63.97，目标端口：2037。

◇ 源 IP 地址：58.63.137.226，源端口：80。

（4）NAT 服务器收到 Web 服务器发送的数据包后，根据协议表中的映射记录转换数据包，并把数据包发向内部网络的目标计算机，数据包含有下列信息：

◇ 目标 IP 地址：192.168.1.101，目标端口：4085。

◇ 源 IP 地址：58.63.137.226，源端口：80。

三、VPN 概述

现在越来越多的企业都在外地设置了分公司或办事处，也有一些员工出差在外，这些人员希望随时随地通过 Internet 访问企业内部网络的资源，如公司的办公自动化系统、ERP 系统、内部文件等。但是在正常情况下，Internet 上的计算机无法访问到企业内部网络的计算机，为了解决这个问题，出现了 VPN 技术。

VPN 是虚拟专用网络（Virtual Private Network）的简称，是在公用网络上建设专用网络的技术。VPN 在 Internet 上使用了加密隧道技术，将企业内部网络和外部网络之间的通信数据进行加密处理，有了数据加密，就像数据传输在专用网络中一样安全，实际上 VPN 使用的是 Internet 上的公用链路，因此称之为虚拟专用网络。

VPN 利用 Internet 建立虚拟专用网络，使企业减少对昂贵的专用线路租用和复杂远程访问方案的依赖性。VPN 主要具有以下优点：

● 节约成本。通过在公用网络上建立 VPN 连接，减少了用于租用和维护专用线路的一大笔费用。

● 安全可靠。VPN 采用了加密、隧道、密钥管理和身份认证等多种技术来保证数据通信的安全。

● 使用灵活且易于扩展。新增用户可以非常迅速地加入到企业建立在 Internet 上的 VPN。

● 支持常用的网络协议和各种新兴的应用。

● 完全控制。VPN 使用的是 ISP 的设施和服务，同时又完全拥有专用网络的控制权。

任务 3.2　文件服务器的组建

一、能力目标

- 会添加文件服务器。
- 会添加用户和组。
- 会配置文件夹权限。
- 会配置磁盘配额。

二、知识目标

- 了解文件系统。
- 熟悉 NTFS 文件系统。
- 掌握磁盘配额的使用。
- 掌握共享权限的设置。
- 掌握 NTFS 权限的设置。

3.2.1　任务概述

一、任务描述

随着某公司的不断发展，文件资源的不断累积，这些公司核心资源的管理和使用成为管理者迫切要解决的一个问题。经过研究，公司决定组建一台保存文件资源的服务器，希望通过对这些文件的分类存储和分级管理，一方面可以保证数据的安全性和统一性，另一方面可以方便用户的共享、查找及使用。

二、需求分析

文件共享服务是网络最重要和最常用的应用服务之一，在企业的信息化建设中，文件服务器的搭建也是不可或缺的一部分。利用文件服务器，企业把重要的数据集中存储和管理，这不仅可以保证文件数据的安全和权威，而且更便于授权用户的查找和使用。

根据任务描述，该公司搭建文件服务器实现文件管理的需求分析如下：

- 文件数据分类存储，分别保存于公司、部门和员工等文件夹中。
- 分级管理，例如，各部门管理各自的文件资源，具有各自的使用权限。
- 注意安全保密、磁盘使用额度等问题。

三、方案设计

不同的网络操作系统，文件服务器的创建方法也不一样。Linux 操作系统通常使用 samba 实现文件服务器功能，而 Windows 利用自带的文件服务功能可以方便地实现一个安全的文件服务器。综合考虑公司现有的网络系统和各方面需求，方案采用 Windows Server 2003 搭建文件服务器（拓扑结构如图 3-38 所示）。

图 3-38　拓扑结构图

方案的结构由以下部分组成：

1. 文件服务器

● 使用 Windows Server 2003 自带的文件服务搭建文件服务器，文件服务器中的文件夹必须存放在计算机的 NTFS 文件系统下。

● 公司公共文件夹。存放公司公告、守则、申请表等公开文件资料，所有人员都可以读取，但不能修改，只有网络管理员具有读写权限。

● 各部门公共文件夹。存放各部门的文件资料，部门员工可以读取，但不能修改，部门经理具有读写的权限，各部门之间不能相互访问。

● 员工文件夹。存放员工个人的文件资料，员工个人具有读写的权限，员工之间不能相互访问。

● 磁盘使用限制。经理配额为 100MB，职员配额为 20MB，不能超出限制。

● 根据公司的需要可以再添加文件夹、配置权限、更改磁盘使用限制等。

2. 客户端

公司的员工根据各自的权限访问文件服务器。

四、实施步骤

方案的实施步骤依次为：添加文件服务器、添加用户和组、配置文件夹权限、配置磁盘配额、测试和使用文件服务器。

3.2.2　添加文件服务器

Windows Server 2003 操作系统默认没有安装文件服务器，可以通过配置服务器向导手动添加，文件服务器的添加过程也是配置共享文件夹权限的过程，如图 3-39 至图 3-49 的步骤将添加文件服务器和配置公司公共文件夹 "D:\FileServerRoot\ Public" 的共享权限（管理员具有读写权限，其他所有员工只有读取权限）。

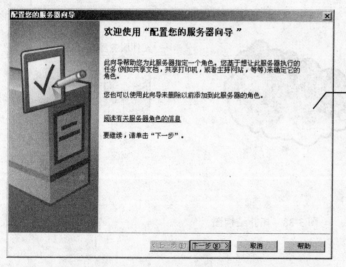

步骤 1：配置服务器向导。通过选择"管理工具"→"配置您的服务器向导"打开配置服务器向导，该向导将安装文件服务器，单击"下一步"按钮。

图 3-39　配置服务器向导

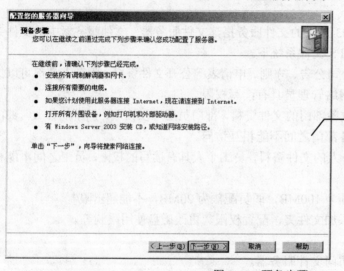

步骤 2：预备步骤。根据向导提示完成预备步骤，完成后单击"下一步"按钮。接着向导根据需要检测计算机的网络设置。

图 3-40　预备步骤

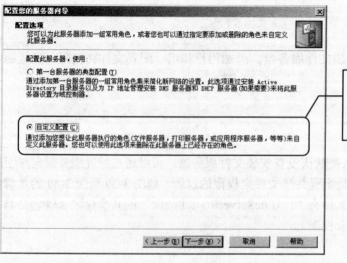

步骤 3：自定义配置。选择"自定义配置"选项，使用该项可以创建文件服务器；完成后单击"下一步"按钮。

图 3-41　自定义配置

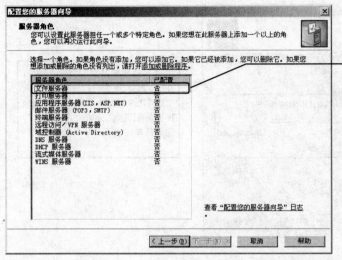

图 3-42 选择安装的服务器

步骤4：选择安装的服务器。在服务器角色列表中列出所有系统已经添加的和还没添加的服务器，选择"文件服务器"，单击"下一步"按钮。

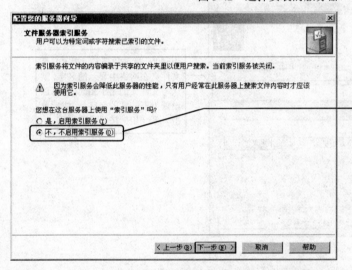

图 3-43 索引服务

步骤5：索引服务。选择"不，不启用索引服务"，启用索引服务会影响服务器的性能；完成后单击"下一步"按钮。

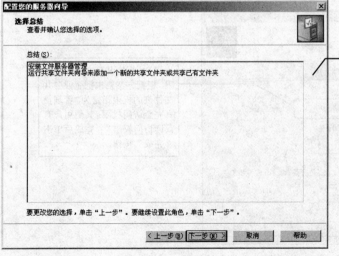

图 3-44 共享文件夹向导

步骤6：共享文件夹向导。安装文件服务器的过程包括配置共享文件夹；单击"下一步"按钮启动共享文件夹向导。

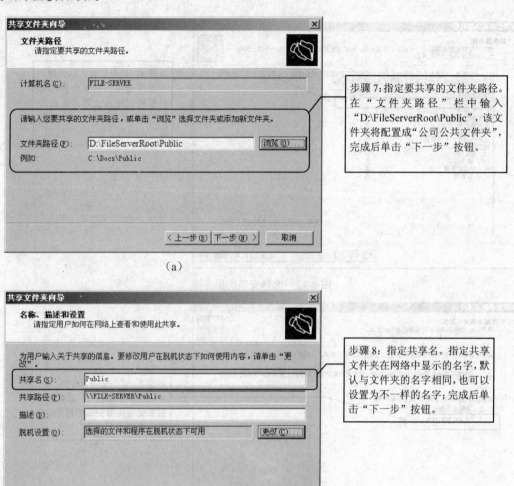

步骤 7: 指定要共享的文件夹路径。在"文件夹路径"栏中输入"D:\FileServerRoot\Public",该文件夹将配置成"公司公共文件夹",完成后单击"下一步"按钮。

（a）

步骤 8: 指定共享名。指定共享文件夹在网络中显示的名字,默认与文件夹的名字相同,也可以设置为不一样的名字;完成后单击"下一步"按钮。

（b）

图 3-45　指定要共享的文件夹路径和共享名

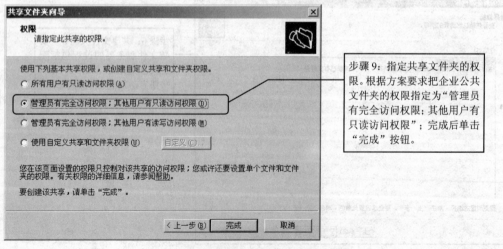

步骤 9: 指定共享文件夹的权限。根据方案要求把企业公共文件夹的权限指定为"管理员有完全访问权限;其他用户有只读访问权限";完成后单击"完成"按钮。

图 3-46　指定共享文件夹的权限

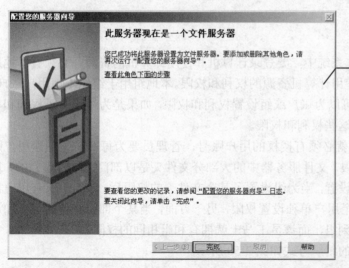

步骤 10：完成添加文件服务器。向导完成文件服务器的添加和企业公共文件夹 D:\FileServerRoot\Public 的共享和权限配置；单击"完成"按钮。

图 3-47 完成添加文件服务器

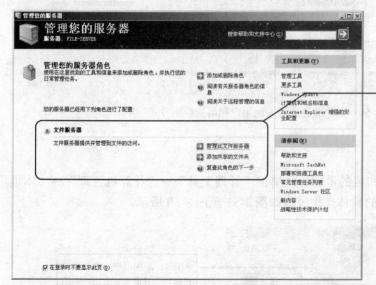

步骤 11：管理文件服务器。文件服务器添加完成后，在"管理您的服务器"窗口中，可以运行"管理此文件服务器"和"添加共享的文件夹"等操作。

图 3-48 管理文件服务器

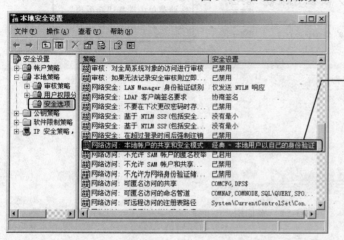

步骤 12：本地安全设置。选择"管理工具"→"本地安全策略"打开"本地安全设置"管理窗口，选择"本地策略"→"安全选项"，在右窗格中把策略"网络访问：本地账户的共享和安全模式"设置为"经典 – 本地用户以自己的身份验证"。注意：Windows Server 2003 默认安装时以来宾身份验证，该设置将影响用户登录文件服务器。

图 3-49 本地安全设置

3.2.3 添加本地用户和组

在 Windows Server 2003 操作系统中，要登录计算机和使用计算机的资源，必须有本地用户账号，每个本地用户都有各自使用计算机资源的权利和权限。本地组用于组织本地用户账户，每个账户都属于一个或多个组。可以为账户或组设置权利和权限，如果是为组设立了权利和权限，则该组的所有账户都会拥有这些权利和权限。

公司员工要使用文件服务器就必须有授权的用户账号，管理员要为每个员工创建用户账号，并且赋予这些用户各自的权限。文件服务器中的大部分文件夹是以部门为单位设立的，以组为单位组织账户更便于权限的设置，当为组设置了某个文件夹的权限后，该组的所有用户也拥有相同的权限，而不需要为每个用户单独设置权限，另一方面，当某个部门有新的员工加入时，就可以把该员工的账户添加到组，而该员工马上就拥有和组相同的权限。

文件服务器的本地用户和组的组织方式如图 3-50 所示。

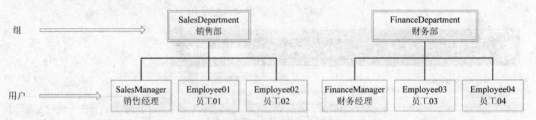

图 3-50 文件服务器的本地用户和组的组织方式

Windows 启动本地用户和组的步骤为：单击"管理工具"→"计算机管理"→"本地用户和组"，添加用户账号和组的具体操作过程如图 3-51 至图 3-59 所示。

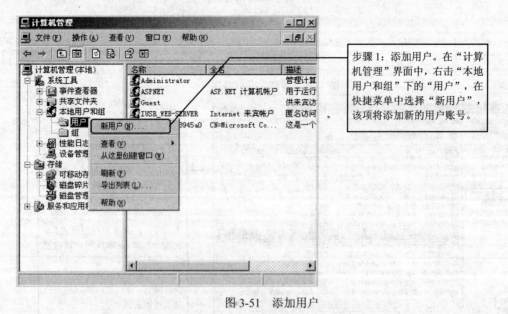

图 3-51 添加用户

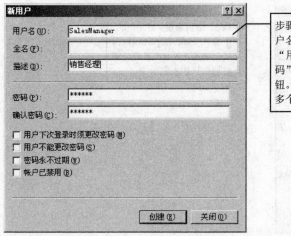

图 3-52 编辑新用户

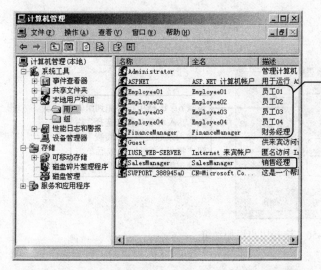

图 3-53 查看用户

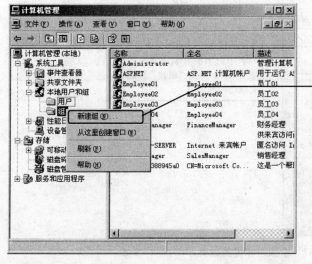

图 3-54 添加组

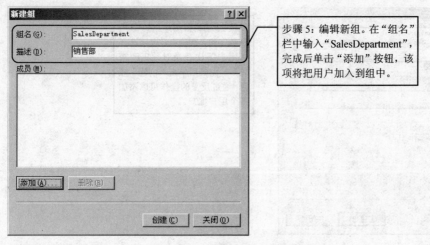

图 3-55　编辑新组

步骤 5：编辑新组。在"组名"栏中输入"SalesDepartment"，完成后单击"添加"按钮，该项将把用户加入到组中。

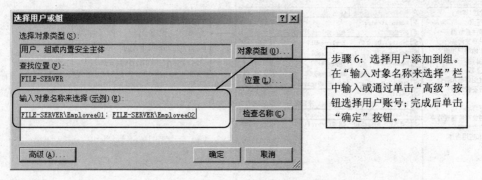

图 3-56　选择用户添加到组

步骤 6：选择用户添加到组。在"输入对象名称来选择"栏中输入或通过单击"高级"按钮选择用户账号；完成后单击"确定"按钮。

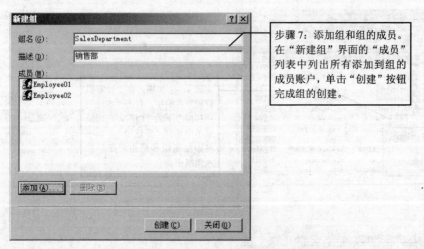

图 3-57　添加组和组的成员

步骤 7：添加组和组的成员。在"新建组"界面的"成员"列表中列出所有添加到组的成员账户，单击"创建"按钮完成组的创建。

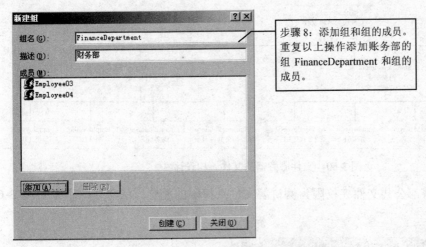

步骤8：添加组和组的成员。重复以上操作添加账务部的组 FinanceDepartment 和组的成员。

图 3-58 添加财务部

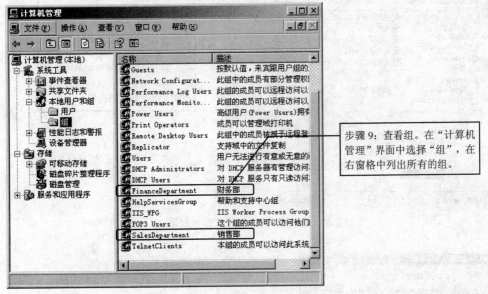

步骤9：查看组。在"计算机管理"界面中选择"组"，在右窗格中列出所有的组。

图 3-59 查看组

3.2.4 配置文件夹权限

为了管理方便，文件服务器的文件结构设计如图 3-60 所示，在磁盘 D 中设置文件服务器的根目录 FileServerRoot，所有文件服务器共享的文件夹都包括在根目录下，二级目录包括公司公共文件夹和所有部门文件夹，三级目录就是各部门里的部门公共文件夹和各部门员工的个人文件夹。

接下来要为用户和组配置文件夹的权限，根据方案要求，文件夹的权限如下：

- 各部门公共文件夹。部门员工具有读权限而没有写权限，部门经理具有读写的权限，不具有跨部门文件夹的权限。
- 员工文件夹。员工个人具有读写的权限，不具有跨员工文件夹的权限。

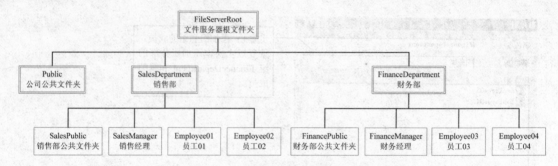

图 3-60　文件服务器的文件结构设计

下面以配置销售部公共文件夹权限为例讲解文件夹权限的配置方法，详细步骤如图 3-61 至图 3-70 所示。

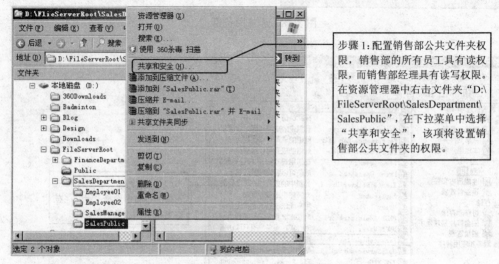

步骤1:配置销售部公共文件夹权限，销售部的所有员工具有读权限，而销售部经理具有读写权限。在资源管理器中右击文件夹"D:\FileServerRoot\SalesDepartment\SalesPublic"，在下拉菜单中选择"共享和安全"，该项将设置销售部公共文件夹的权限。

图 3-61　配置销售部公共文件夹权限

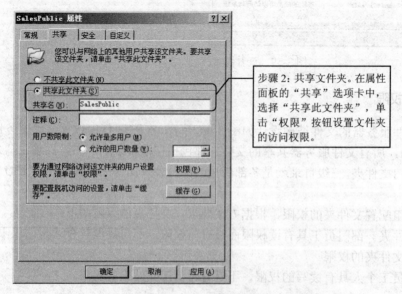

步骤2:共享文件夹。在属性面板的"共享"选项卡中，选择"共享此文件夹"，单击"权限"按钮设置文件夹的访问权限。

图 3-62　共享文件夹

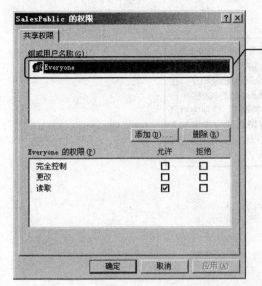

步骤3：删除原有的组和用户。在"共享权限"选项卡的"组或用户名称"列表中选取 Everyone，单击"删除"按钮，该项将删除 Everyone 用户对文件夹 SalesPublic 的所有权限。注意：要把所有列表中的组或用户删除。完成删除后单击"添加"按钮，该项将添加新的组或用户。

图 3-63　删除原有的组和用户

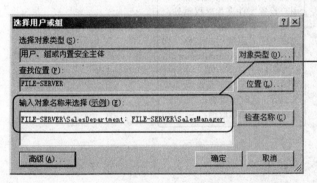

步骤4：选择用户或组。在"输入对象名称来选择"栏中输入销售部经理的账户 SalesManager 和销售部的组 SalesDepartment；完成后单击"确定"按钮。

图 3-64　选择用户或组

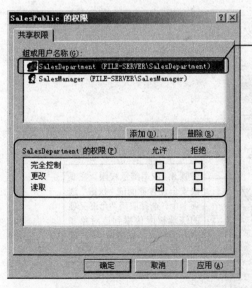

步骤5：设置共享权限。在"组或用户名称"列表中选择组 SalesDepartment，在"SalesDepartment 的权限"中选择"读取"，该项为组设置具有读取销售部公共文件夹的权限。注意：组设置了权限，该组织的所有成员也拥有了该权限，也就是销售部的员工也有了读取销售部公共文件夹的权限。完成后单击"应用"按钮。

图 3-65　设置共享权限

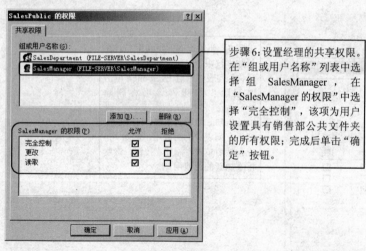

步骤6：设置经理的共享权限。在"组或用户名称"列表中选择组 SalesManager，在"SalesManager 的权限"中选择"完全控制"，该项为用户设置具有销售部公共文件夹的所有权限；完成后单击"确定"按钮。

图 3-66   设置经理的共享权限

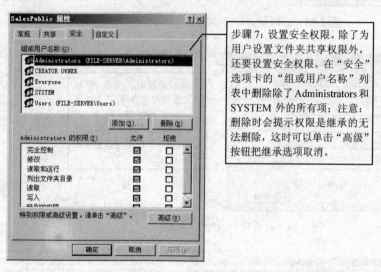

步骤7：设置安全权限。除了为用户设置文件夹共享权限外，还要设置安全权限。在"安全"选项卡的"组或用户名称"列表中删除除了 Administrators 和 SYSTEM 外的所有项；注意：删除时会提示权限是继承的无法删除，这时可以单击"高级"按钮把继承选项取消。

图 3-67   设置安全权限

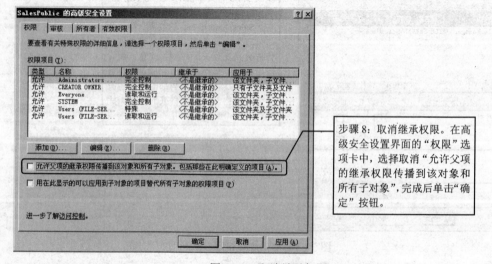

步骤8：取消继承权限。在高级安全设置界面的"权限"选项卡中，选择取消"允许父项的继承权限传播到该对象和所有子对象"，完成后单击"确定"按钮。

图 3-68   取消继承权限

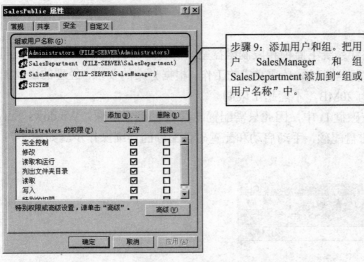

步骤 9：添加用户和组。把用户 SalesManager 和组 SalesDepartment 添加到"组或用户名称"中。

图 3-69　添加用户和组

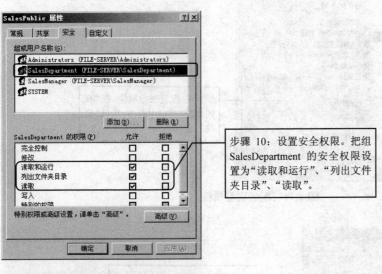

步骤 10：设置安全权限。把组 SalesDepartment 的安全权限设置为"读取和运行"、"列出文件夹目录"、"读取"。

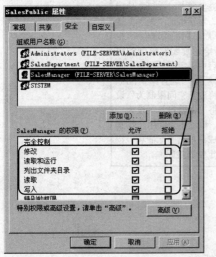

步骤 11：设置安全权限。把用户 SalesManager 的安全权限设置为"修改"、"读取和运行"、"列出文件夹目录"、"读取"、"写入"；完成后单击"确定"按钮。
至此，销售部公共文件夹权限的配置已经完成，其他文件夹的共享和权限设置使用类似的方法即可配置完成。

图 3-70　设置安全权限

3.2.5　配置磁盘配额

磁盘配额能够在 NTFS 文件系统下监视和限制磁盘空间的使用。文件服务器的磁盘空间有限，合理地分配和管理磁盘空间是管理员必须完成的工作。根据方案的要求，经理的磁盘配额为 100MB，职员的磁盘配额为 20MB，不能超出限制。

文件服务器的文件夹都在磁盘 D 中，因此只需配置磁盘 D 的磁盘配额。Windows Server 2003 操作系统默认没有启用磁盘配额，手动启动和配置磁盘配额的详细操作步骤如图 3-71 至图 3-75 所示。

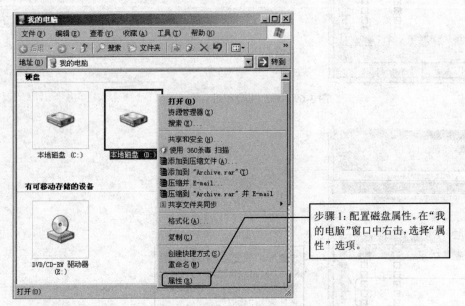

图 3-71　配置磁盘属性

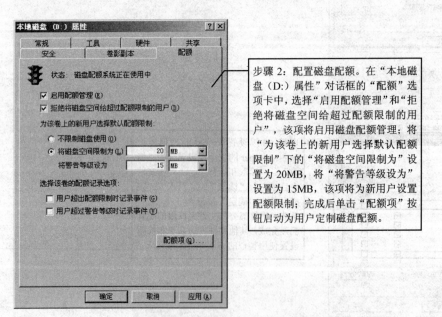

图 3-72　配置磁盘配额

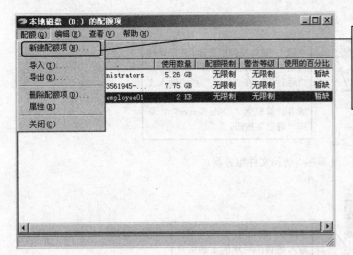

步骤3：新建磁盘配额。在"本地磁盘（D:）的配额项"窗口中选择菜单"配额"→"新建配额项"，该项将为用户新建磁盘配额。

图3-73　新建磁盘配额

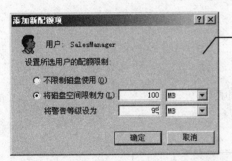

步骤4：添加新配额项。为销售部经理配置磁盘配额，选择用户SalesManager，在"将磁盘空间限制为"中输入100MB，在"将警告等级设为"中输入95MB，该项将经理在磁盘D的最大使用空间设置为100MB，当使用到95MB时会发出警告。

图3-74　添加新配额项

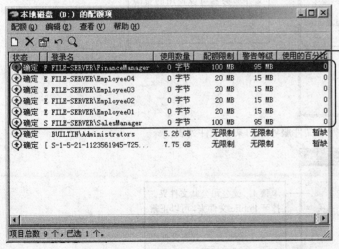

步骤5：查看磁盘配额。完成所有员工的磁盘配额设置后，在"本地磁盘（D:）的配额项"窗口中会列出用户的"登录名"、"使用数量"、"配额限制"、"警告等级"、"使用的百分比"等资料，通过这些资料可以监视用户磁盘的使用状态。

图3-75　查看磁盘配额

3.2.6　测试和使用文件服务器

文件服务器的用户、文件夹权限、磁盘配额等配置完成后，就可以通过客户端登录文件服务器进行测试和使用了。以下使用销售部经理的账户SalesManager登录文件服务器进行测试，详细的操作过程如图 3-76 至图 3-84 所示。

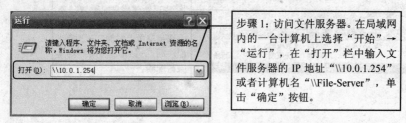

步骤 1：访问文件服务器。在局域网内的一台计算机上选择"开始"→"运行"，在"打开"栏中输入文件服务器的 IP 地址"\\10.0.1.254"或者计算机名"\\File-Server"，单击"确定"按钮。

图 3-76　访问文件服务器

步骤 2：输入用户名和密码。输入销售部经理的正确用户名和密码，单击"确定"按钮。

图 3-77　输入用户名和密码

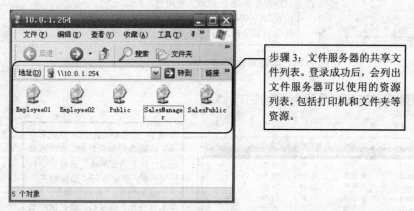

步骤 3：文件服务器的共享文件列表。登录成功后，会列出文件服务器可以使用的资源列表，包括打印机和文件夹等资源。

图 3-78　文件服务器的共享文件列表

步骤 4：读公司公共文件夹。打开 Public 文件夹，可以正常读取文件夹的内容则代表用户 SalesManager 具有文件夹 Public 的读取权限。

图 3-79　读公司公共文件夹

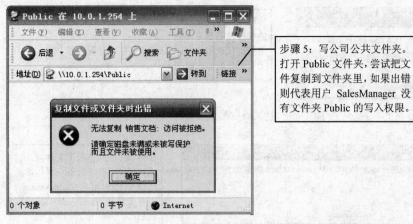

图 3-80 写公司公共文件夹

步骤 5：写公司公共文件夹。打开 Public 文件夹，尝试把文件复制到文件夹里，如果出错则代表用户 SalesManager 没有文件夹 Public 的写入权限。

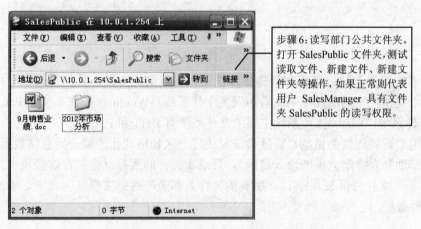

图 3-81 读写部门公共文件夹

步骤 6：读写部门公共文件夹。打开 SalesPublic 文件夹，测试读取文件、新建文件、新建文件夹等操作，如果正常则代表用户 SalesManager 具有文件夹 SalesPublic 的读写权限。

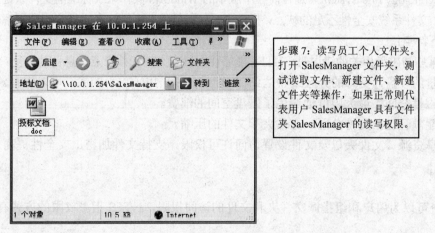

图 3-82 读写员工个人文件夹

步骤 7：读写员工个人文件夹。打开 SalesManager 文件夹，测试读取文件、新建文件、新建文件夹等操作，如果正常则代表用户 SalesManager 具有文件夹 SalesManager 的读写权限。

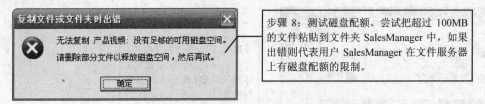

步骤 8：测试磁盘配额。尝试把超过 100MB 的文件粘贴到文件夹 SalesManager 中，如果出错则代表用户 SalesManager 在文件服务器上有磁盘配额的限制。

图 3-83   测试磁盘配额

步骤 9：读其他员工文件夹。尝试打开文件夹 Employee01，如果出错则代表用户 SalesManager 没有文件夹 Employee01 的读取权限。

图 3-84   读其他员工文件夹

3.2.7 知识点

一、文件系统

文件系统是操作系统用于存储、组织和管理计算机文件和数据的方法，目的是为了用户可以方便地查找和使用文件。不同的操作系统有不同的文件系统，Windows 操作系统有 Fat、NTFS 和 WINFS 等文件系统，Linux 操作系统主要的文件系统有 Ext2 和 Ext3 等。

文件系统提供了用户访问磁盘的机制。新硬盘需要进行分区和格式化才能开始存储数据，文件系统把磁盘的空间划分为特定大小的块（扇区），目录和文件的数据就存储在这些块中，在 FAT 文件系统中有一个文件分区表（FAT），所有的文件名都是链接到文件分区表中，通过该表就可以定位到文件数据。

二、NTFS 文件系统

NTFS（New Technology File System）是目前各个版本的 Windows 操作系统标准的文件系统，NTFS 改进了 FAT32 文件系统安全性不足的缺点，提高了系统的性能、可靠性和磁盘空间利用率。NTFS 具有以下特点：

- 系统发生某些与磁盘相关的错误时，NTFS 能够使用日志文件和检查点信息自动恢复。
- 支持大容量的硬盘，支持的分区或卷达到 2TB；NTFS 采用了更小的簇，可以更有效率地管理磁盘空间，最大限度地避免了磁盘空间的浪费。
- 支持磁盘配额管理，支持分区、文件夹和文件的压缩。
- 可以为共享资源、文件夹以及文件设置访问许可权限，支持文件加密，安全性更高。

三、NTFS 权限

NTFS 文件系统可以为用户和组指派文件夹和文件的访问权限，NTFS 指派权限的方式有两种：

- 继承权限。默认情况下，新建的文件和文件夹会自动继承父文件夹的权限。
- 显式权限。可以由用户自定义文件和文件夹的权限，在 NTFS 文件和文件夹属性面板的"安全"选项卡中，可以为用户和组设置对文件夹和文件的访问权限。

NTFS 包括的权限如下：

- 完全控制：可执行所有操作，包括以下的所有权限。
- 修改：修改和删除权限。
- 读取和运行：读取、列出目录和执行应用程序权限。
- 列出文件夹目录：列出文件夹内容（子文件夹与文件名称）。
- 读取：读取文件夹或文件的内容。
- 写入：创建新的文件和子文件夹的权限。
- 特别的权限：可以在"安全"选项卡的"高级"按钮中打开特殊权限的设置，包括的选项有：遍历文件夹/执行文件、列出文件夹/读取数据、读取属性、读取扩展属性、创建文件/写入数据、创建文件夹/附加数据、写入属性、写入扩展属性、删除子文件夹及文件、删除、读取权限、更改权限、取得所有权。

四、NTFS 权限和共享权限的区别

NTFS 权限适用于本地和远程访问，而共享权限只适用于网络的共享，对于本地登录的用户不受影响。文件服务器上的共享文件夹权限是由共享权限和 NTFS 权限共同决定的，以两者中最严格的权限为最终权限，例如，某用户对文件夹的共享权限设置为更改和读取，NTFS 权限设置为读取，那么用户通过网络共享只有读取文件夹的权限。

任务 3.3　网络共享资源的管理

一、能力目标

- 会安装和配置打印服务器。
- 会配置打印客户端。
- 会配置分布式文件系统。
- 会使用网络共享资源。

二、知识目标

- 掌握打印机共享。
- 熟悉分布式文件系统。

3.3.1　任务概述

一、任务描述

某公司组建了企业局域网，使用一段时间后遇到了一些问题。在企业网络中共享的资源有很多，例如，各级部门都有共享的文件和打印机等资源，要想访问这些资源，需要知道这些资源存放的主机名或共享路径，随着共享资源的增多，这些资源存放的位置又比较分散和共享路径难以记忆，要找到目标网络资源变得比较困难和耗费时间，从而降低了公司的办公效率。

二、需求分析

企业网络最大的优点之一就是资源共享，但是，共享的资源分布在不同的物理位置和由

不同的人员进行管理，要访问这些资源必须知道资源的路径，当要访问比较多的资源时，查找资源和获取路径的工作就比较困难并且繁琐耗时。

　　根据任务描述，该公司的企业网络需要找到一些方法来集中组织和管理网络中的资源信息，使得用户可以很方便和快速地找到想要的资源。

三、方案设计

　　公司网络中共享的资源以打印机和电子文件为主，如何把这些分布在不同区域或部门的资源进行集中组织和管理，使得用户可以快速地找到和使用目标资源，这是方案主要解决的问题。

　　打印服务器能够集中管理多台打印机，各台打印机的共享名以及注释只要清楚地表明其物理位置和所属的部门，用户就可以在同一台服务器上快速找到想要的打印机。

　　DFS（分布式文件系统）能够把多个分布在不同主机上的共享文件夹的链接组织在一个逻辑目录里，通过该目录，用户就可以快速找到想要的文件信息。

　　方案使用打印服务器和分布式文件系统对公司的网络共享资源（打印机和文件等）集中进行管理。方案的拓扑结构如图 3-85 所示。

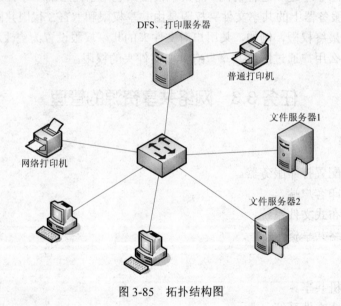

图 3-85　拓扑结构图

　　方案的结构由以下部分组成：

　　1．DFS、打印服务器

　　把一台计算机配置为分布式文件系统和打印服务器，能够实现对公司的共享文件夹和打印机等资源集中组织和管理。

- 分布式文件系统：把各部门所有的共享文件夹组织到一个逻辑目录里，用户可以方便地查询和连接。
- 打印服务器：管理公司大部分的打印机和驱动程序，用户可以方便地安装和使用。

　　2．企业网络的计算机

　　企业网络的计算机通过一台服务器（DFS、打印服务器）就能查询和访问到企业大部分的共享资源。

四、实施步骤

方案的实施步骤依次为：配置打印服务器、安装打印客户端、配置分布式文件系统、客户端使用分布式文件系统。

3.3.2 配置打印服务器

打印服务器管理公司大部分的打印机以及其驱动程序，利用打印服务器，用户不仅能方便地查找和连接需要的打印机，还能自动地安装打印机驱动程序。

打印机的接口主要有两种形式：一种带有网络接口的网络打印机，可以直接连接到网络，另一种是没有网络接口的，这种打印机只能连接到一台计算机上，由计算机共享到网络。由于打印服务器连接打印机的接口有限，因此打印服务器主要管理网络打印机。

打印服务器和网络打印机的安装以及配置的详细过程如图 3-86 至图 3-109 所示。

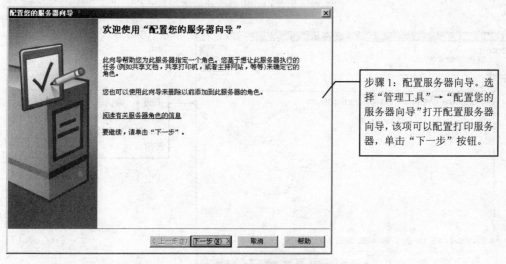

步骤 1：配置服务器向导。选择"管理工具"→"配置您的服务器向导"打开配置服务器向导，该项可以配置打印服务器，单击"下一步"按钮。

图 3-86 配置服务器向导

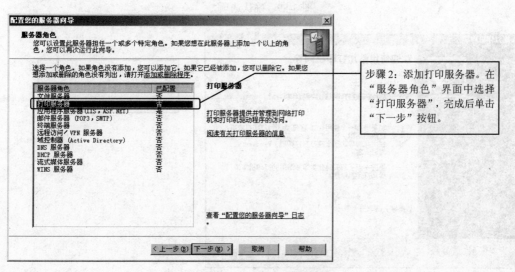

步骤 2：添加打印服务器。在"服务器角色"界面中选择"打印服务器"，完成后单击"下一步"按钮。

图 3-87 添加打印服务器

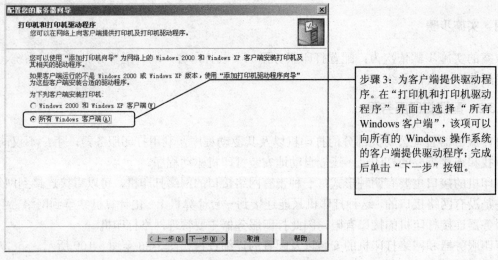

步骤 3：为客户端提供驱动程序。在"打印机和打印机驱动程序"界面中选择"所有 Windows 客户端"，该项可以向所有的 Windows 操作系统的客户端提供驱动程序；完成后单击"下一步"按钮。

图 3-88　为客户端提供驱动程序

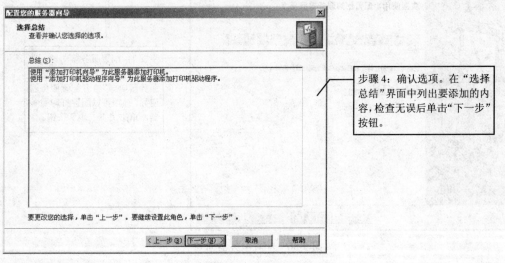

步骤 4：确认选项。在"选择总结"界面中列出要添加的内容，检查无误后单击"下一步"按钮。

图 3-89　确认选项

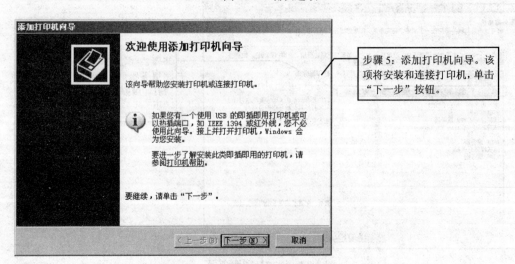

步骤 5：添加打印机向导。该项将安装和连接打印机，单击"下一步"按钮。

图 3-90　添加打印机向导

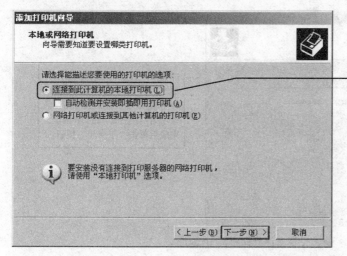

图 3-91　选择打印机类型

步骤6：选择打印机类型。在"本地或网络打印机"界面中选择"连接到此计算机的本地打印机"，该项将连接公司的一台网络打印机；完成后单击"下一步"按钮。

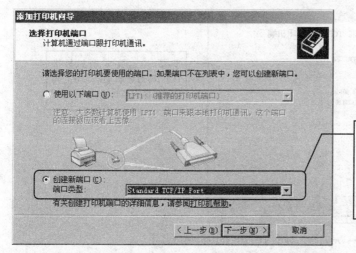

图 3-92　选择打印机端口

步骤7：选择打印机端口。选择"创建新端口"，在"端口类型"中选择"Standard TCP/IP Port"，该项使用网络接口连接打印机；完成后单击"下一步"按钮。

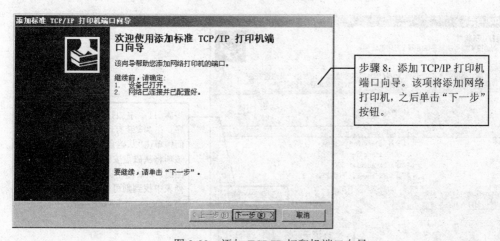

图 3-93　添加 TCP/IP 打印机端口向导

步骤8：添加 TCP/IP 打印机端口向导。该项将添加网络打印机，之后单击"下一步"按钮。

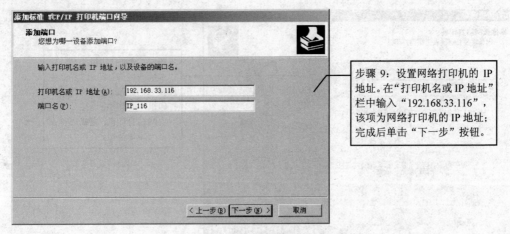

步骤 9：设置网络打印机的 IP
地址。在"打印机名或 IP 地址"
栏中输入"192.168.33.116"，
该项为网络打印机的 IP 地址；
完成后单击"下一步"按钮。

图 3-94　设置网络打印机的 IP 地址

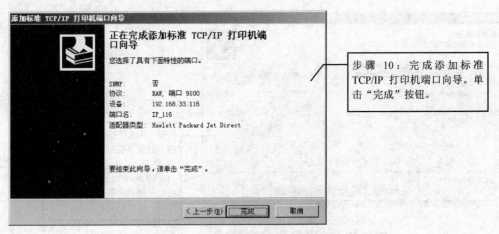

步骤 10：完成添加标准
TCP/IP 打印机端口向导。单
击"完成"按钮。

图 3-95　完成添加标准 TCP/IP 打印机端口向导

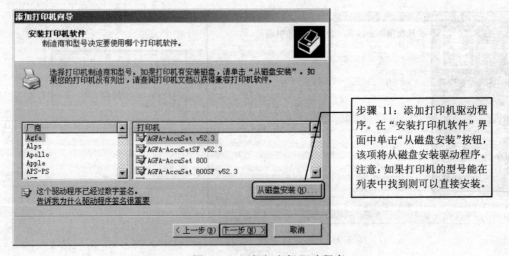

步骤 11：添加打印机驱动程
序。在"安装打印机软件"界
面中单击"从磁盘安装"按钮，
该项将从磁盘安装驱动程序。
注意：如果打印机的型号能在
列表中找到则可以直接安装。

图 3-96　添加打印机驱动程序

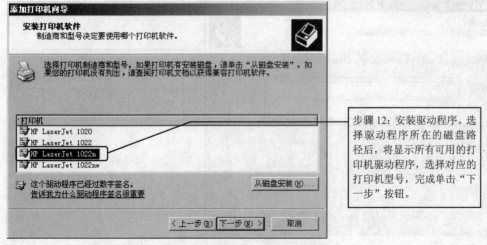

步骤12：安装驱动程序。选择驱动程序所在的磁盘路径后，将显示所有可用的打印机驱动程序，选择对应的打印机型号，完成单击"下一步"按钮。

图 3-97 安装驱动程序

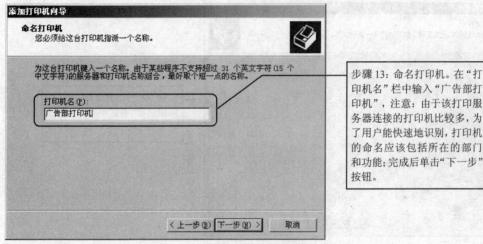

步骤13：命名打印机。在"打印机名"栏中输入"广告部打印机"，注意：由于该打印服务器连接的打印机比较多，为了用户能快速地识别，打印机的命名应该包括所在的部门和功能；完成后单击"下一步"按钮。

图 3-98 命名打印机

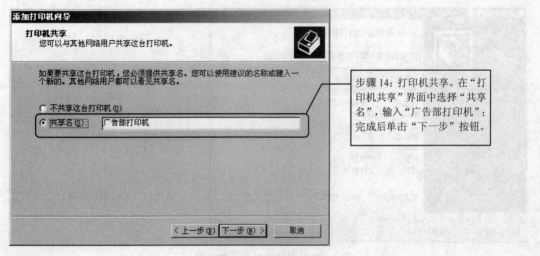

步骤14：打印机共享。在"打印机共享"界面中选择"共享名"，输入"广告部打印机"；完成后单击"下一步"按钮。

图 3-99 打印机共享

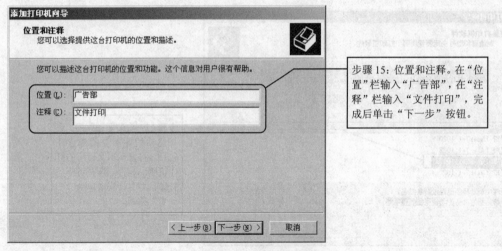

步骤15：位置和注释。在"位置"栏输入"广告部"，在"注释"栏输入"文件打印"，完成后单击"下一步"按钮。

图 3-100 位置和注释

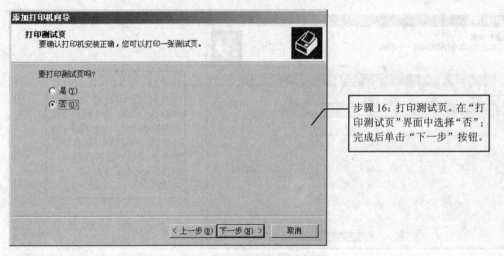

步骤16：打印测试页。在"打印测试页"界面中选择"否"；完成后单击"下一步"按钮。

图 3-101 打印测试页

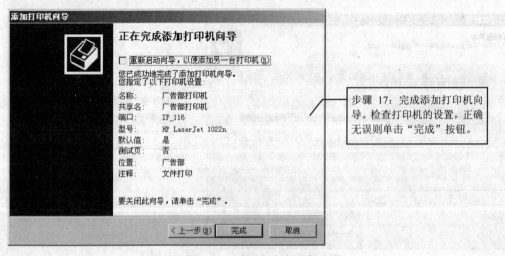

步骤17：完成添加打印机向导。检查打印机的设置，正确无误则单击"完成"按钮。

图 3-102 完成添加打印机向导

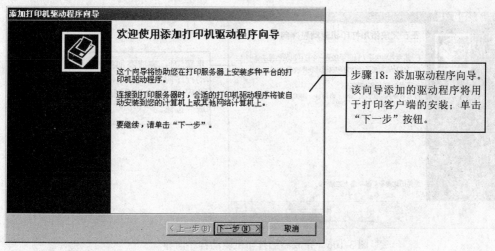

图 3-103 添加驱动程序向导

步骤 18：添加驱动程序向导。该向导添加的驱动程序将用于打印客户端的安装；单击"下一步"按钮。

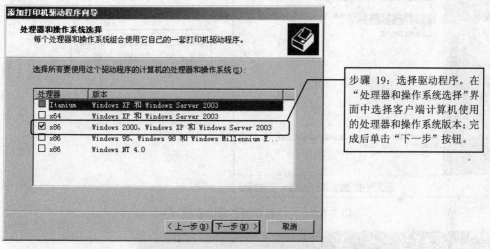

图 3-104 选择驱动程序

步骤 19：选择驱动程序。在"处理器和操作系统选择"界面中选择客户端计算机使用的处理器和操作系统版本；完成后单击"下一步"按钮。

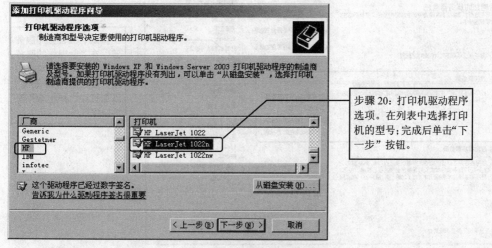

图 3-105 打印机驱动程序选项

步骤 20：打印机驱动程序选项。在列表中选择打印机的型号；完成后单击"下一步"按钮。

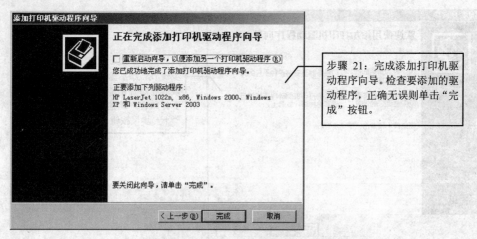

图 3-106 完成添加打印机驱动程序向导

步骤 21：完成添加打印机驱动程序向导。检查要添加的驱动程序，正确无误则单击"完成"按钮。

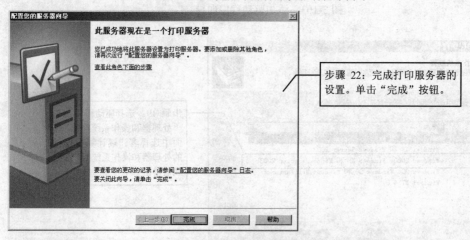

图 3-107 完成打印服务器的设置

步骤 22：完成打印服务器的设置。单击"完成"按钮。

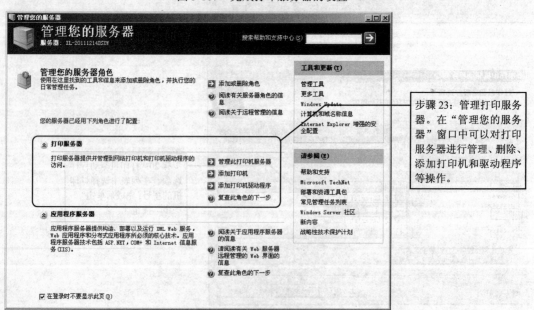

图 3-108 管理打印服务器

步骤 23：管理打印服务器。在"管理您的服务器"窗口中可以对打印服务器进行管理、删除、添加打印机和驱动程序等操作。

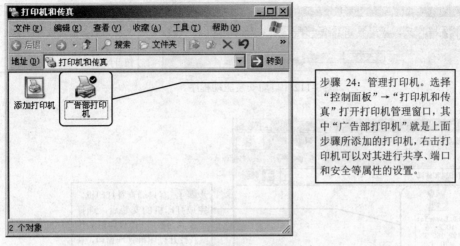

步骤 24：管理打印机。选择"控制面板"→"打印机和传真"打开打印机管理窗口，其中"广告部打印机"就是上面步骤所添加的打印机，右击打印机可以对其进行共享、端口和安全等属性的设置。

图 3-109　管理打印机

3.3.3　安装打印客户端

打印服务器安装完成后，企业网络中的计算机经过一些简单的设置就可以使用打印服务器所管理的打印机，其设置过程如图 3-110 至图 3-113 所示。

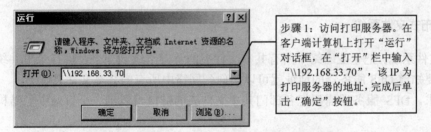

步骤 1：访问打印服务器。在客户端计算机上打开"运行"对话框，在"打开"栏中输入"\\192.168.33.70"，该 IP 为打印服务器的地址，完成后单击"确定"按钮。

图 3-110　访问打印服务器

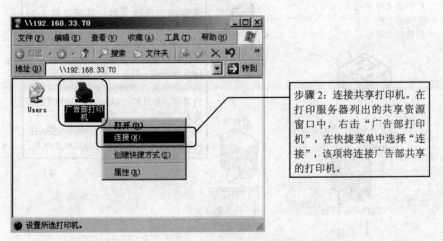

步骤 2：连接共享打印机。在打印服务器列出的共享资源窗口中，右击"广告部打印机"，在快捷菜单中选择"连接"，该项将连接广告部共享的打印机。

图 3-111　连接共享打印机

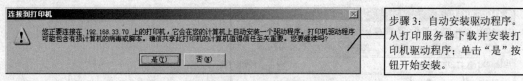

图 3-112　自动安装驱动程序

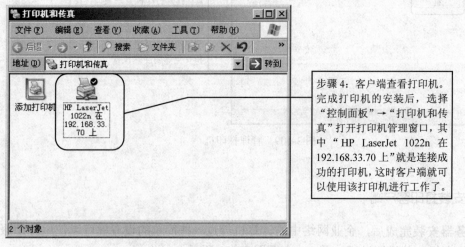

步骤 4：客户端查看打印机。完成打印机的安装后，选择"控制面板"→"打印机和传真"打开打印机管理窗口，其中"HP LaserJet 1022n 在 192.168.33.70 上"就是连接成功的打印机，这时客户端就可以使用该打印机进行工作了。

图 3-113　在客户端查看打印机

3.3.4　配置分布式文件系统

DFS（分布式文件系统）把企业网络中所有共享文件夹的链接组织到一个逻辑目录里并统一命名，用户只需要知道 DFS 服务器的地址就可以访问到网络中所有的共享文件夹。

根据方案的要求，DFS 服务器需要把各部门共享文件夹的链接组织到一个目录中，结构如图 3-114 所示。

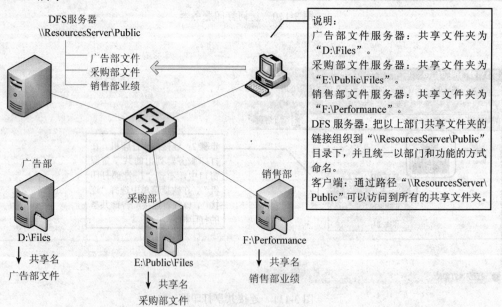

图 3-114　DFS 服务器共享目录组织

DFS 服务器的详细配置过程如图 3-115 至图 3-125 所示。

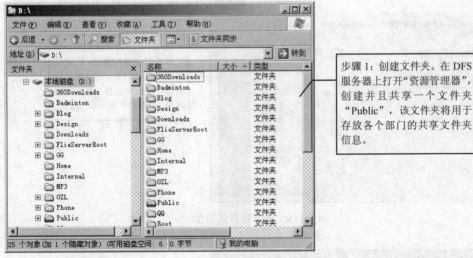

步骤1：创建文件夹。在 DFS 服务器上打开"资源管理器"，创建并且共享一个文件夹"Public"，该文件夹将用于存放各个部门的共享文件夹信息。

图 3-115 创建文件夹

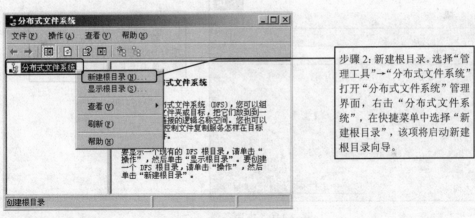

步骤2：新建根目录。选择"管理工具"→"分布式文件系统"打开"分布式文件系统"管理界面，右击"分布式文件系统"，在快捷菜单中选择"新建根目录"，该项将启动新建根目录向导。

图 3-116 新建根目录

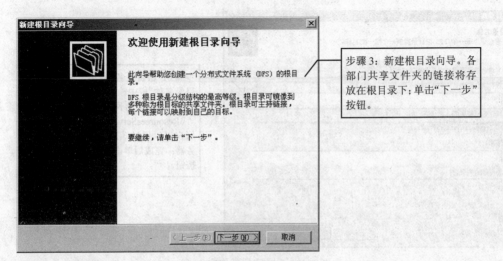

步骤3：新建根目录向导。各部门共享文件夹的链接将存放在根目录下；单击"下一步"按钮。

图 3-117 新建根目录向导

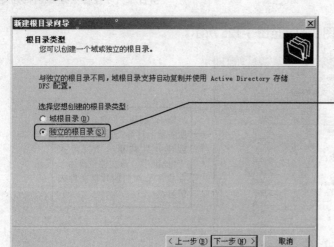

图 3-118 选择根目录类型

步骤 4：选择根目录类型。由于服务器不是域模式，因此创建独立的根目录，在"根目录类型"界面中选择"独立的根目录"，单击"下一步"按钮。

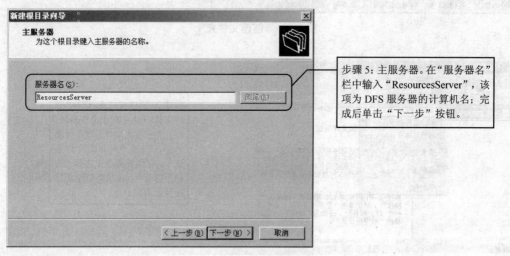

图 3-119 主服务器

步骤 5：主服务器。在"服务器名"栏中输入"ResourcesServer"，该项为 DFS 服务器的计算机名；完成后单击"下一步"按钮。

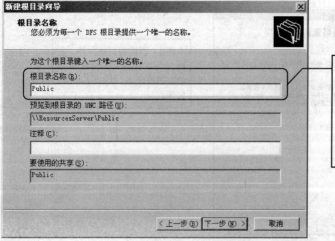

图 3-120 根目录名称

步骤 6：根目录名称。在"根目录名称"栏中输入"Public"，这时根目录的网络路径为"\\ResourcesServer\Public"，用户可以通过该路径访问服务器；完成后单击"下一步"按钮。

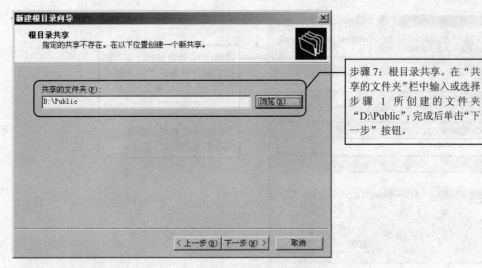

图 3-121 根目录共享

步骤 7：根目录共享。在"共享的文件夹"栏中输入或选择步骤 1 所创建的文件夹"D:\Public"；完成后单击"下一步"按钮。

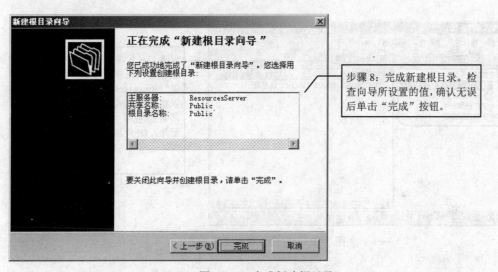

图 3-122 完成新建根目录

步骤 8：完成新建根目录。检查向导所设置的值，确认无误后单击"完成"按钮。

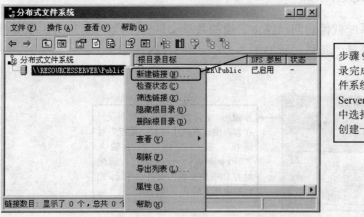

图 3-123 新建链接

步骤 9：新建链接。新建根目录完成后显示在"分布式文件系统"下，右击"\\Resources Server\Public"，在快捷菜单中选择"新建链接"，该项将创建一个共享文件夹的链接。

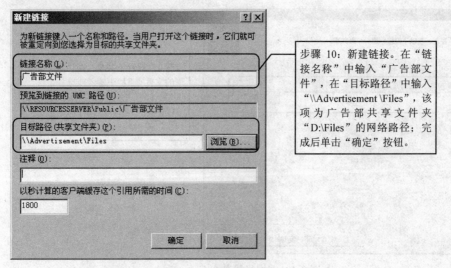

步骤 10：新建链接。在"链接名称"中输入"广告部文件"，在"目标路径"中输入"\\Advertisement \Files"，该项为广告部共享文件夹"D:\Files"的网络路径；完成后单击"确定"按钮。

图 3-124　新建链接

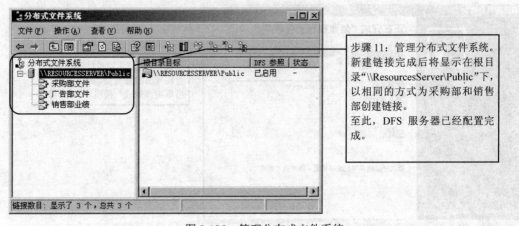

步骤 11：管理分布式文件系统。新建链接完成后将显示在根目录"\\ResourcesServer\Public"下，以相同的方式为采购部和销售部创建链接。
至此，DFS 服务器已经配置完成。

图 3-125　管理分布式文件系统

3.3.5　客户端访问分布式文件系统

客户端访问分布式文件系统就像访问网络中普通的共享文件夹一样，通过 DFS 服务器提供的网络路径就可以打开根目录，具体过程如图 3-126 至图 3-128 所示。

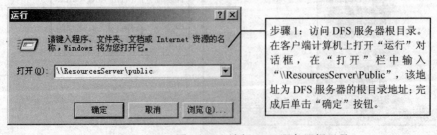

步骤 1：访问 DFS 服务器根目录。在客户端计算机上打开"运行"对话框，在"打开"栏中输入"\\ResourcesServer\Public"，该地址为 DFS 服务器的根目录地址；完成后单击"确定"按钮。

图 3-126　访问 DFS 服务器根目录

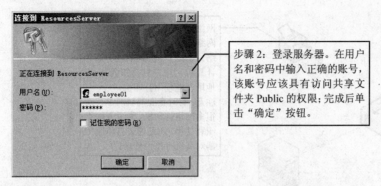

步骤 2：登录服务器。在用户名和密码中输入正确的账号，该账号应该具有访问共享文件夹 Public 的权限；完成后单击"确定"按钮。

图 3-127 登录服务器

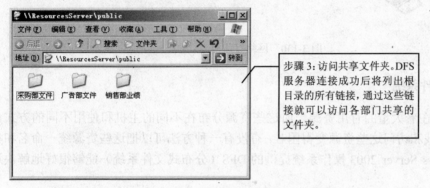

步骤 3：访问共享文件夹。DFS 服务器连接成功后将列出根目录的所有链接，通过这些链接就可以访问各部门共享的文件夹。

图 3-128 访问共享文件夹

3.3.6 知识点

一、共享打印机的连接方法

为了节省开支和提高设备使用率，打印机通常在办公网络内共享使用。目前，在网络中共享打印机的连接方法有两种：一种是打印机连接打印服务器，而由打印服务器连接到网络，拓扑结构如图 3-129 所示；另一种是打印机直接连接到网络，拓扑结构如图 3-130 所示。

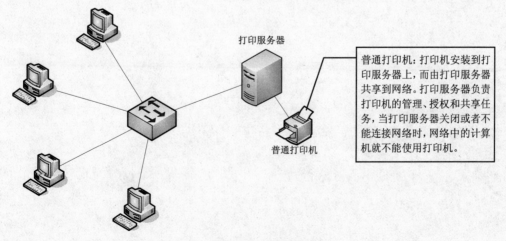

普通打印机：打印机安装到打印服务器上，而由打印服务器共享到网络。打印服务器负责打印机的管理、授权和共享任务，当打印服务器关闭或者不能连接网络时，网络中的计算机就不能使用打印机。

图 3-129 普通打印机

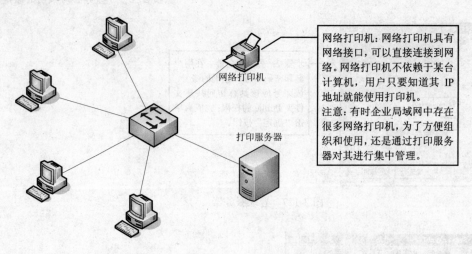

网络打印机：网络打印机具有网络接口，可以直接连接到网络。网络打印机不依赖于某台计算机，用户只要知道其 IP 地址就能使用打印机。

注意：有时企业局域网中存在很多网络打印机，为了方便组织和使用，还是通过打印服务器对其进行集中管理。

图 3-130　网络打印机

二、分布式文件系统

企业网络中存在着大量的有用资源，而这些资源分布在不同的主机和使用不同的方式命名，这使得用户查找和访问这些资源变得困难，有没有一种方法可以把这些资源统一命名和集中管理呢？Windows Server 2003 操作系统提供的 DFS（分布式文件系统）能够很好地解决这一问题。

DFS 是分布式文件系统（Distributed File System）的简称，利用分布式文件系统，管理员可以组织分布在不同计算机中的共享文件夹，把它们的链接放到一个逻辑目录中并统一命名，这样可以使分布在不同计算机上的文件如同存放在一台服务器一样，用户不必来回在多台计算机中查找所需的资源，只需要访问一台服务器的共享目录就可以找到网络中所有的共享资源。

项目四　中小型企业网络的组建

任务 4.1　域模式局域网的组建

一、能力目标

- 会安装域控制器。
- 会把计算机加入域。
- 会添加用户和组。
- 会添加和配置组织单位。
- 会配置组策略。

二、知识目标

- 理解域和域控制器的概念。
- 理解活动目录的概念和功能。
- 掌握组策略的配置。

4.1.1　任务概述

一、任务描述

某企业部门比较多，厂房和办公地点分布比较广，在企业网络建设时有以下一些需求：员工多且流动性大，由于工作需要，有时员工要在网络中的任何一台计算机上工作，这时就必须有合法的网络账号和使用计算机的权限，但是，为每个员工在每台计算机上配置账号和权限这不太现实，有没办法可以对用户、计算机以及权限等进行统一管理呢？另外，由于网络连接范围很广，各个部门的计算机又常常要更新补丁、安装软件和修改系统设置等，这使得网络管理员的工作量非常繁重，因此希望通过集中的控制和管理能够批量完成这些任务。

二、需求分析

企业组建网络最主要的原因就是把分布在不同位置的计算机软硬件资源通过网络组织在一起发挥更大的作用，但是，随之企业就会面临如何集中管理这些网络资源的问题，譬如资源集中检索、权限控制、统一身份验证和客户端计算机的批量操控等。

根据任务描述，该企业网络需要实现以下功能：

- 统一身份验证，集中权限控制。员工可以使用自己的账号登录网络中的任何一台计算机，可以在网络中任何节点访问所有授权的网络资源。
- 集中控制客户端计算机。网络管理员可以批量完成补丁更新、文件分发和控制客户端系统功能等。

三、方案设计

Windows Server 2003 平台提供了一套集中组织和管理网络资源信息的目录服务，称为活动目录。活动目录集中了网络中的计算机、用户账号、服务器和应用程序等资源信息，它使得管理员可以有效地对有关网络资源和用户的信息进行共享和管理，它使得用户可以在网络的任何位置通过统一的身份验证登录计算机和访问其具有权限的网络资源。

方案使用 Windows Server 2003 平台创建域和提供活动目录服务来解决企业的需求。方案的拓扑结构如图 4-1 所示。

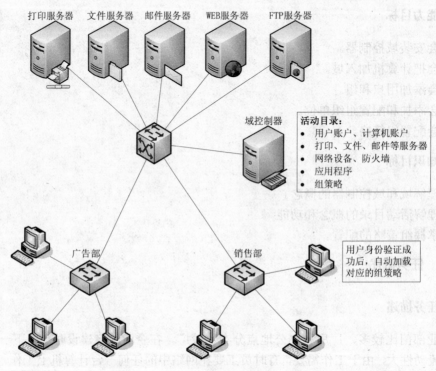

图 4-1   拓扑结构图

方案采用域模式（服务器/客户端）组建局域网，把企业的用户、计算机和网络资源集中成域，由域控制器负责管理和客户端接入验证。

1. 域控制器（服务器）

把一台服务器配置为域控制器，域控制器存储着活动目录，活动目录包含域中的用户账号、计算机、服务器和应用程序等资源信息构成的数据库。当用户和计算机要连接域时，域控制器对其进行统一的身份验证，合法的用户才能访问授权的资源。另外，域控制器还能通过活动目录创建组策略，实现对域中的计算机和服务器集中管理的功能。

2. 加入域的计算机（客户端）

把企业网络的计算机和服务器加入到域中，用户可以在域中的任何一台计算机上工作，但是每个用户都有其对应的 Windows 桌面环境（组策略）和使用网络资源的权限。

四、实施步骤

方案的实施步骤依次为：添加域控制器、计算机加入域、创建组策略、测试组策略。

4.1.2　添加域控制器

创建域必须要先安装一台域控制器，域控制器上最主要的内容就是保存着域中所有资源信息的活动目录，把服务器配置成域控制器，就是在这台服务器上安装活动目录。

图 4-2 至图 4-20 是在 Windows Server 2003 操作系统中安装域控制器（活动目录）的详细操作过程。

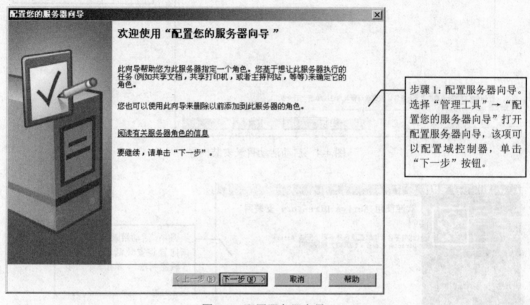

图 4-2　配置服务器向导

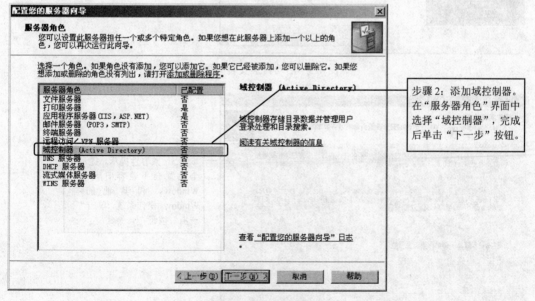

图 4-3　添加域控制器

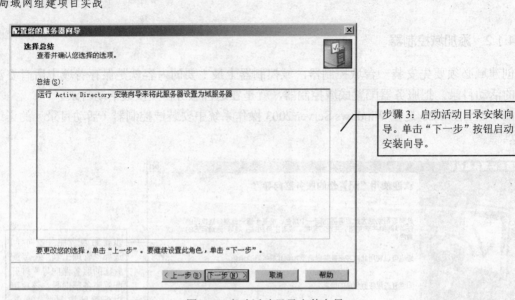

步骤3：启动活动目录安装向导。单击"下一步"按钮启动安装向导。

图4-4 启动活动目录安装向导

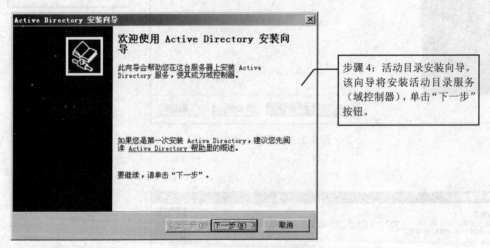

步骤4：活动目录安装向导。该向导将安装活动目录服务（域控制器），单击"下一步"按钮。

图4-5 活动目录安装向导

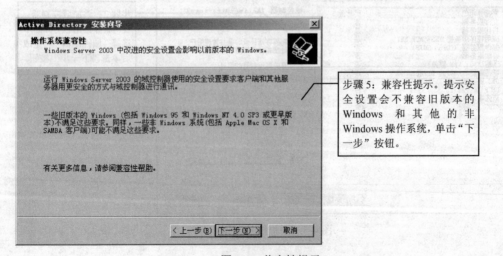

步骤5：兼容性提示。提示安全设置会不兼容旧版本的Windows和其他的非Windows操作系统，单击"下一步"按钮。

图4-6 兼容性提示

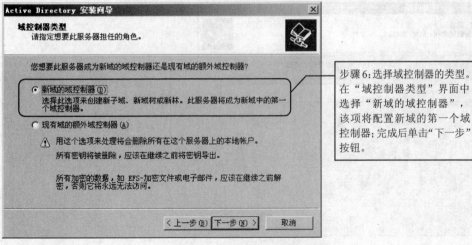

步骤6：选择域控制器的类型。在"域控制器类型"界面中选择"新域的域控制器"，该项将配置新域的第一个域控制器；完成后单击"下一步"按钮。

图 4-7 选择域控制器的类型

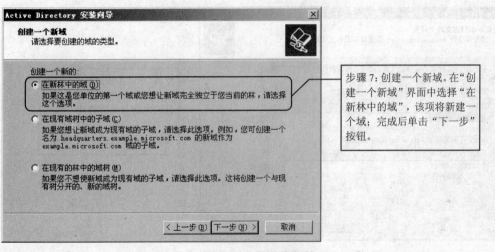

步骤7：创建一个新域。在"创建一个新域"界面中选择"在新林中的域"，该项将新建一个域；完成后单击"下一步"按钮。

图 4-8 创建一个新域

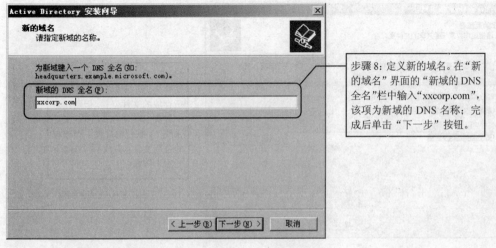

步骤8：定义新的域名。在"新的域名"界面的"新域的DNS全名"栏中输入"xxcorp.com"，该项为新域的DNS名称；完成后单击"下一步"按钮。

图 4-9 定义新的域名

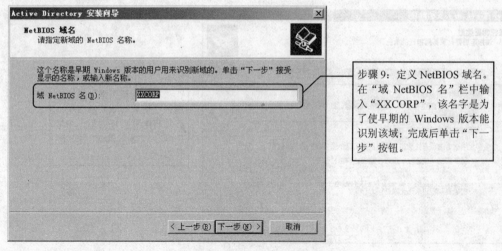

图 4-10　定义 NetBIOS 域名

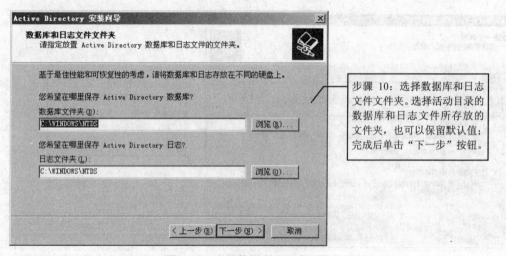

图 4-11　选择数据库和日志文件文件夹

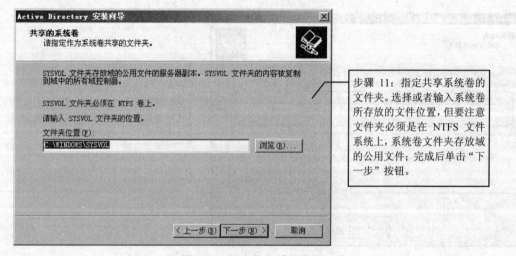

图 4-12　指定共享系统卷的文件夹

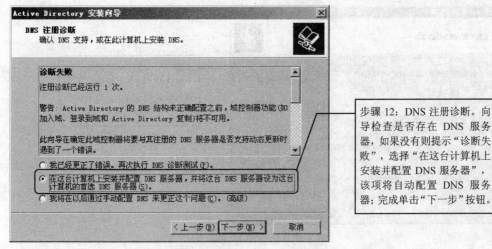

步骤 12：DNS 注册诊断。向导检查是否存在 DNS 服务器，如果没有则提示"诊断失败"，选择"在这台计算机上安装并配置 DNS 服务器"，该项将自动配置 DNS 服务器；完成单击"下一步"按钮。

图 4-13　DNS 注册诊断

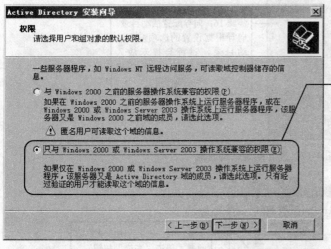

步骤 13：选择默认权限。在"权限"界面中选择"只与 Windows 2000 或 Windows Server 2003 操作系统兼容的权限"，该项设置使得只有经过验证的用户才能读取域的信息；完成后单击"下一步"按钮。

图 4-14　选择默认权限

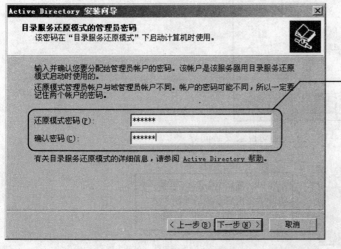

步骤 14：设置还原模式的管理员密码。"目录服务还原模式"用于恢复域控制器上的目录服务，此处设置进入"目录服务还原模式"的管理员密码；完成后单击"下一步"按钮。

图 4-15　设置还原模式的管理员密码

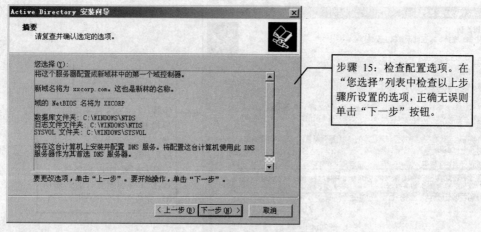

步骤 15：检查配置选项。在"您选择"列表中检查以上步骤所设置的选项，正确无误则单击"下一步"按钮。

图 4-16　检查配置选项

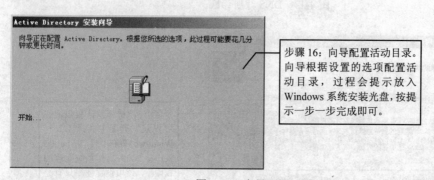

步骤 16：向导配置活动目录。向导根据设置的选项配置活动目录，过程会提示放入 Windows 系统安装光盘，按提示一步一步完成即可。

图 4-17　向导配置活动目录

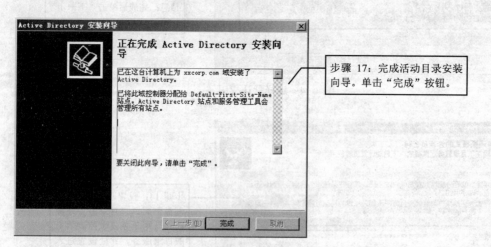

步骤 17：完成活动目录安装向导。单击"完成"按钮。

图 4-18　完成活动目录安装向导

步骤 18：重启 Windows 系统。活动目录在重启系统后才能生效，单击"立即重新启动"按钮。

图 4-19　重启 Windows 系统

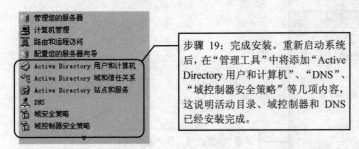

步骤 19：完成安装。重新启动系统后，在"管理工具"中将添加"Active Directory 用户和计算机"、"DNS"、"域控制器安全策略"等几项内容，这说明活动目录、域控制器和 DNS 已经安装完成。

图 4-20 完成安装

4.1.3 计算机加入域

域控制器创建完成后，就可以把企业网络中的计算机和服务器加入到域中，成为域的客户端，这样就组成了一个域模式（服务器/客户端）的局域网。图 4-21 至图 4-29 是一台安装了 Windows 7 操作系统的计算机加入到域 xxcorp.com 的详细操作过程。

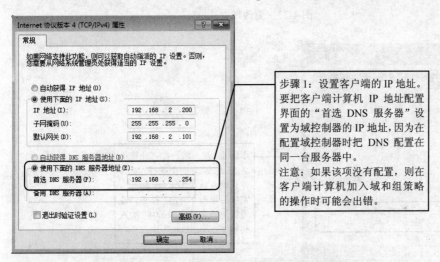

步骤 1：设置客户端的 IP 地址。要把客户端计算机 IP 地址配置界面的"首选 DNS 服务器"设置为域控制器的 IP 地址，因为在配置域控制器时把 DNS 配置在同一台服务器中。
注意：如果该项没有配置，则在客户端计算机加入域和组策略的操作时可能会出错。

图 4-21 设置客户端的 IP 地址

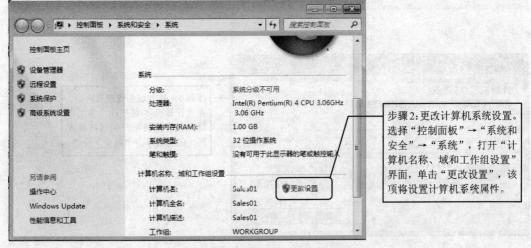

步骤 2：更改计算机系统设置。选择"控制面板"→"系统和安全"→"系统"，打开"计算机名称、域和工作组设置"界面，单击"更改设置"，该项将设置计算机系统属性。

图 4-22 更改计算机系统设置

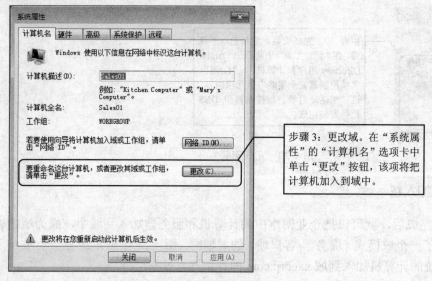

图 4-23 更改域

步骤 3：更改域。在"系统属性"的"计算机名"选项卡中单击"更改"按钮，该项将把计算机加入到域中。

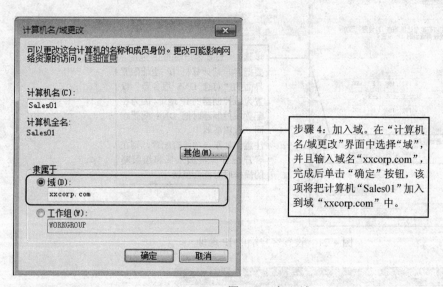

图 4-24 加入域

步骤 4：加入域。在"计算机名/域更改"界面中选择"域"，并且输入域名"xxcorp.com"，完成后单击"确定"按钮，该项将把计算机"Sales01"加入到域"xxcorp.com"中。

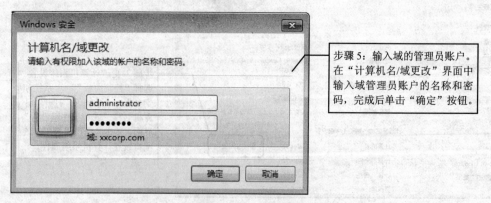

图 4-25 输入域的管理员账户

步骤 5：输入域的管理员账户。在"计算机名/域更改"界面中输入域管理员账户的名称和密码，完成后单击"确定"按钮。

步骤6：欢迎加入域。成功连接并加入域后，会弹出"欢迎加入 xxcorp.com 域"对话框，单击"确定"按钮。

图 4-26　欢迎加入域

步骤7：重启计算机。重新启动计算机后，加入域的设置才能生效。

图 4-27　重启计算机

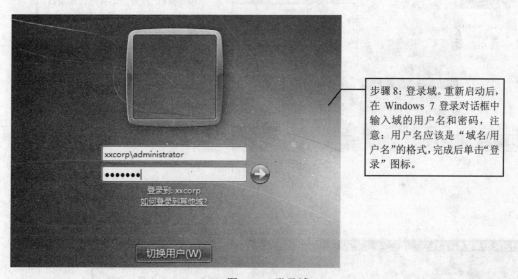

步骤8：登录域。重新启动后，在 Windows 7 登录对话框中输入域的用户名和密码，注意：用户名应该是"域名/用户名"的格式，完成后单击"登录"图标。

图 4-28　登录域

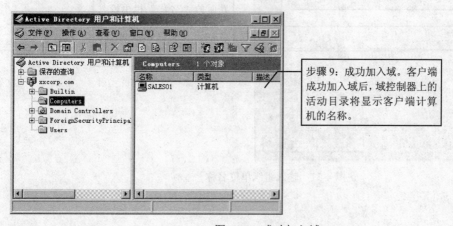

步骤9：成功加入域。客户端成功加入域后，域控制器上的活动目录将显示客户端计算机的名称。

图 4-29　成功加入域

4.1.4 创建组策略

系统管理员为每个部门的员工定义了 Windows 桌面环境的组策略，员工在域中的任何一台计算机上登录都能看到自己对应的桌面环境。另外，系统管理员还可以为多个客户端集中执行同一组策略，如批量安装软件。

根据企业的要求，要为销售部的员工设置以下组策略：

● 销售部的员工不能使用"我的电脑"访问 D 驱动器。

● 为销售部的员工提供 Microsoft ActiveSync.msi 软件安装程序，员工可以在域的任何一台计算机上找到并安装该程序。

组策略的详细配置过程如图 4-30 至图 4-44 所示。

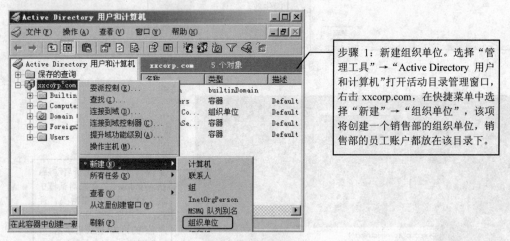

步骤 1：新建组织单位。选择"管理工具"→"Active Directory 用户和计算机"打开活动目录管理窗口，右击 xxcorp.com，在快捷菜单中选择"新建"→"组织单位"，该项将创建一个销售部的组织单位，销售部的员工账户都放在该目录下。

图 4-30 新建组织单位

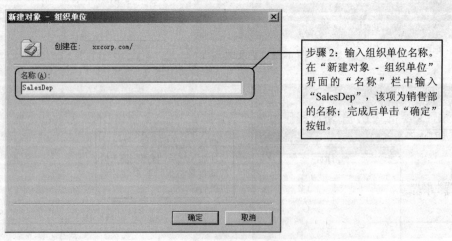

步骤 2：输入组织单位名称。在"新建对象 - 组织单位"界面的"名称"栏中输入"SalesDep"，该项为销售部的名称；完成后单击"确定"按钮。

图 4-31 输入组织单位名称

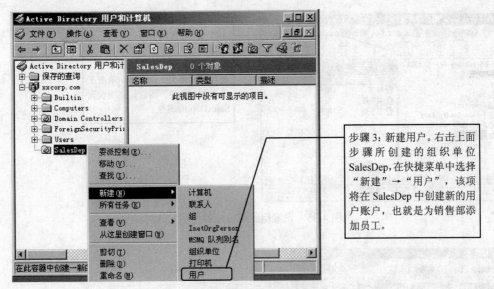

图 4-32 新建用户

步骤 3：新建用户。右击上面步骤所创建的组织单位 SalesDep，在快捷菜单中选择"新建"→"用户"，该项将在 SalesDep 中创建新的用户账户，也就是为销售部添加员工。

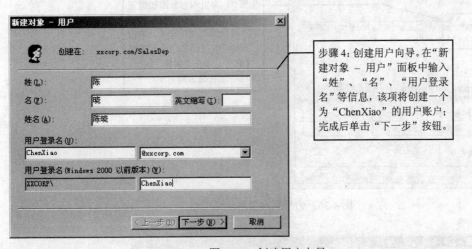

图 4-33 创建用户向导

步骤 4：创建用户向导。在"新建对象 – 用户"面板中输入"姓"、"名"、"用户登录名"等信息，该项将创建一个为"ChenXiao"的用户账户；完成后单击"下一步"按钮。

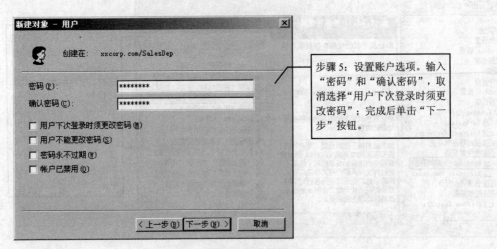

图 4-34 设置账户选项

步骤 5：设置账户选项。输入"密码"和"确认密码"，取消选择"用户下次登录时须更改密码"；完成后单击"下一步"按钮。

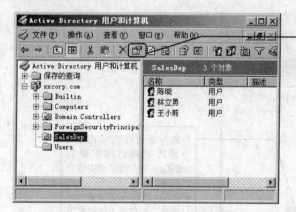

图 4-35　设置组织单位属性

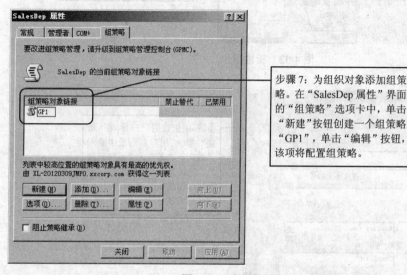

图 4-36　为组织对象添加组策略

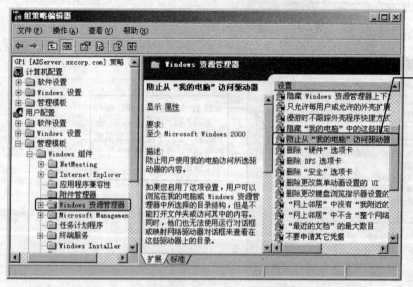

图 4-37　防止从"我的电脑"访问驱动器

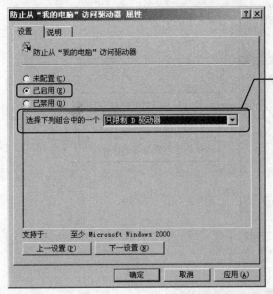

步骤9：限制D驱动器。在"防止从'我的电脑'访问驱动器属性"界面中，单击"已启用"，在"选择下列组合中的一个"选项中选择"只限制D驱动器"，该项限制用户访问D驱动器；完成后单击"确定"按钮。

图 4-38　限制 D 驱动器

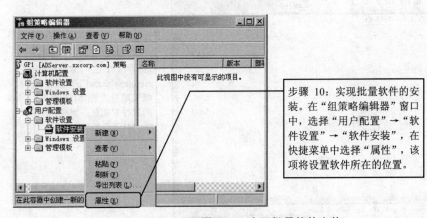

步骤 10：实现批量软件的安装。在"组策略编辑器"窗口中，选择"用户配置"→"软件设置"→"软件安装"，在快捷菜单中选择"属性"，该项将设置软件所在的位置。

图 4-39　实现批量软件安装

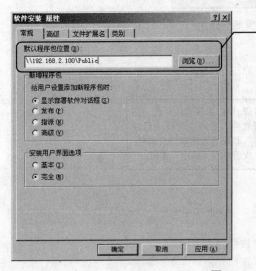

步骤11：设置软件路径。在"软件安装 属性"界面的"默认程序包位置"栏中输入"\\192.168.2.100\Public"，该项为软件安装包所存放的网络路径，注意：为了域的客户端能够访问，路径应该是网络路径；完成后单击"确定"按钮。

图 4-40　设置软件路径

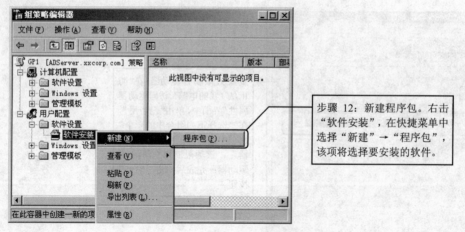

图 4-41　新建程序包

步骤 12：新建程序包。右击"软件安装"，在快捷菜单中选择"新建"→"程序包"，该项将选择要安装的软件。

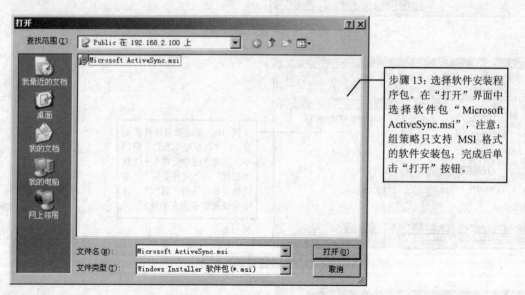

图 4-42　选择软件安装程序包

步骤 13：选择软件安装程序包。在"打开"界面中选择软件包"Microsoft ActiveSync.msi"，注意：组策略只支持 MSI 格式的软件安装包；完成后单击"打开"按钮。

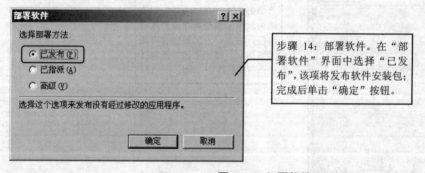

图 4-43　部署软件

步骤 14：部署软件。在"部署软件"界面中选择"已发布"，该项将发布软件安装包；完成后单击"确定"按钮。

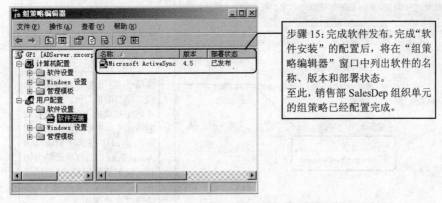

步骤 15：完成软件发布。完成"软件安装"的配置后，将在"组策略编辑器"窗口中列出软件的名称、版本和部署状态。
至此，销售部 SalesDep 组织单元的组策略已经配置完成。

图 4-44　完成软件发布

4.1.5　测试组策略

系统管理员为各个部门配置好组策略后，部门中的员工就可以在域中的任何一台计算机上测试和使用组策略。图 4-45 至图 4-47 是销售部员工 ChenXiao 在域中的计算机上登录和测试组策略的操作过程。

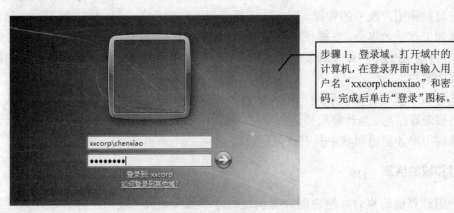

步骤 1：登录域。打开域中的计算机，在登录界面中输入用户名"xxcorp\chenxiao"和密码，完成后单击"登录"图标。

图 4-45　登录域

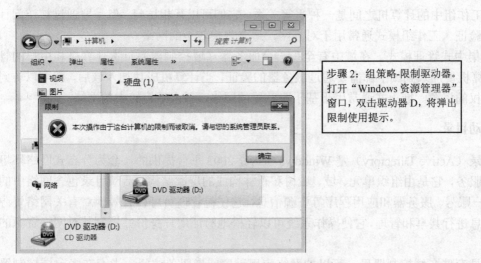

步骤 2：组策略-限制驱动器。打开"Windows 资源管理器"窗口，双击驱动器 D，将弹出限制使用提示。

图 4-46　组策略-限制驱动器

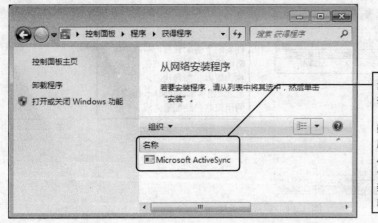

步骤3：组策略-软件安装。选择"控制面板"→"程序"→"程序和功能"→"从网络安装程序"，在"从网络安装程序"窗口中列出"Microsoft ActiveSync"，该项就是为销售部所配置的组策略"软件安装"提供的软件安装包；双击就可以安装该软件。

图4-47　组策略-软件安装

4.1.6　知识点

一、域和域控制器

为了简化计算机和用户账号的管理，把一些计算机和用户组合在一起，成为域（Domain）。域是一组服务器和工作站的集合，它提供一种集中式的管理和安全策略。域中可以有多台服务器，但是都共享一个公用的用户账户和安全数据库，从而使每个用户都可以具有一个在域中被所有服务器识别的账户。

域控制器是在域中负责计算机和用户接入验证工作的服务器，它包含整个域的计算机、用户账号和网络资源等信息。当计算机要连接域时，域控制器会检查该计算机和用户是否属于域，只有属于域的用户才能访问域中具有权限的资源。

二、工作组和域的区别

工作组是一组计算机的集合，组内的计算机使用分散独立的管理模式，每台计算机只负责管理自己的用户和资源。任何计算机都可以随意地加入到工作组中，工作组没有一个统一的身份验证，工作组中的计算机之间是一种平等关系，它们可以互相访问，但是要通过被访问计算机的身份验证。工作组模式通常用于对等网，适合规模较小的网络。

域采用集中式管理模式。在域中有至少一台服务器（域控制器）负责计算机和用户的管理。每台计算机要加入到域中都需要通过服务器的验证，当计算机成功加入域后，就可以访问域中所有授权的资源。域模式通常用于基于服务器的网络，适合规模较大的网络。

三、活动目录

活动目录（Active Directory）是 Windows Server 2003 平台提供的一套为分布式网络环境设计的目录服务，它是由组织单元、域、域树和森林构成的层次结构。活动目录包含网络中的计算机、用户账号、服务器和应用程序等资源信息，它使得管理员可以有效地对有关网络资源和用户的信息进行共享和管理，它使操作系统可以轻松地验证用户身份并控制其对网络资源的访问。

活动目录存储在域控制器里，可以被网络应用程序或者服务访问。当存在多台域控制器时，每台域控制器都拥有目录的一个可写副本，对目录的任何修改都可以从源域控制器复制到域、域树或者森林中的其他域控制器上，这使得管理员和用户在域的任何位置都可以方便地获得所需要的目录信息。

活动目录具有以下优点：

- 集中管理。活动目录就是网络资源信息的目录，它使得集中组织和管理网络资源变得非常方便。
- 便捷的网络资源访问。活动目录允许快速查询和访问网络资源，而用户甚至不需要知道资源所在的位置。
- 更加安全。活动目录集成了登录身份验证以及目录对象的访问控制。
- 可扩展性。活动目录可以随着企业的增长而一同扩展，允许从一个小型网络发展成大型网络。

四、组策略

组策略是系统管理员为用户和客户端计算机定义的 Windows 桌面环境的各种组件，这些组件包括"开始"菜单选项、桌面显示的内容、用户可以使用的程序和网络资源等。实际上，组策略通过修改注册表中的配置和使用脚本控制 Windows 系统的功能，相对于手工配置注册表，组策略将系统重要的功能汇集成各种配置模块，用户可以方便地使用这些模块来管理计算机。

活动目录具有对分散的客户端集中执行组策略的功能。集中化的组策略能使管理员对网络中的计算机实现批量的管理和配置，譬如批量的分发软件、限制系统的功能、控制软件和网络资源的使用等。

组策略具有以下功能：

- 利用"管理模板"管理注册表的设置。
- 指派启动、关机、登录和注销等计算机脚本。
- 发布、更新和修改应用程序。
- 重定向文件夹。
- 指定和管理安全选项。

任务 4.2　DHCP 服务器的组建

一、能力目标

- 会安装与配置 DHCP 服务器。
- 会测试和使用 DHCP 服务。

二、知识目标

- 埋解 DHCP 的概念。
- 理解 DHCP 的优缺点。
- 熟悉 DHCP 作用域。

4.2.1 任务概述

一、任务描述

某企业有固定的计算机 70 台，也经常会有一些临时使用的计算机或移动设备。由于这些计算机分布在不同的区域，手动设置 IP 地址的工作量大并且容易出错，为了更加科学地管理和分配 IP 地址，企业希望添加 DHCP 服务，实现一般计算机 IP 地址的动态分配，企业经理等特殊人员的计算机自动获取固定的 IP 地址，而企业服务器手动设置 IP 地址。

二、需求分析

在使用 TCP/IP 协议的互联网或企业局域网中，一台计算机要和其他计算机进行通信就必须拥有一个唯一的 IP 地址，因此 IP 地址的管理显得非常重要。目前 IP 地址的设置方法主要有两种：手动设置和自动获取，对于计算机很多或计算机分布区域很广的网络，手动设置 IP 地址的工作量大、容易出错和不易于更改维护，而通过 DHCP 服务自动获取 IP 地址的方法能够很好地解决这些问题。

根据任务描述，该企业希望提供 DHCP 服务实现以下功能：

- IP 地址动态分配：大约 80 台计算机（固定计算机 70 台，还有临时使用的计算机最多同时有 10 台）。
- 自动保留固定的 IP 地址：企业经理等特殊人员的计算机。
- 企业服务器手动设置 IP 地址。

三、方案设计

实现 DHCP 服务的方法有很多，可以把一台计算机配置为 DHCP 服务器，也可以使用一些整合了 DHCP 服务的网络设备（如路由器、交换机等）。由于企业现有一些服务器，可以在原有的服务器上添加 DHCP 服务，这样可以减少购买新设备的费用，方案采用现有的一台安装 Windows Server 2003 操作系统的服务器实现 DHCP 服务（拓扑结构如图 4-48 所示）。

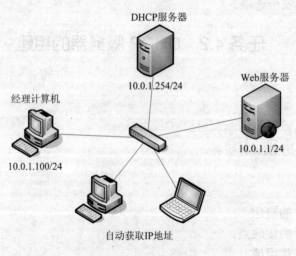

图 4-48 拓扑结构图

方案的结构由以下部分组成：

1．DHCP 服务器

DHCP 服务器为同一网络上的客户端计算机自动分配 IP 地址，其配置参数如下：

● 　本机 IP 设置为：10.0.1.254/24。

● 　动态分配的 IP 地址范围为：10.0.1.100/24～10.0.1.200/24。

● 　分配的默认网关为：10.0.1.254。

● 　分配的 DNS 为：10.0.1.254。

● 　客户端使用 IP 地址的期限为 10 小时。

2．企业服务器

企业有多台服务器，为了更加可靠，这些服务器使用固定的 IP 地址并且手动设置，例如，WEB 服务器的 IP 地址固定设置为 10.0.1.1/24。

3．企业经理等特殊人员的计算机

这些计算机从 DHCP 服务器自动获取固定的 IP 地址，并永久占用该 IP 地址，例如，经理计算机就永久使用 10.0.1.100 这个 IP 地址。

4．一般的主机

这些主机包括企业办公使用的计算机和临时使用的计算机或移动设备，这些主机从 DHCP 服务器自动获取 IP 地址。

四、实施步骤

方案的实施步骤依次为：添加动态主机配置协议（DHCP）、配置 DHCP 服务器（新建作用域）、配置 DHCP 服务器（新建保留）、客户端使用 DHCP 服务器。

4.2.2　添加动态主机配置协议（DHCP）

在添加动态主机配置协议（DHCP）前，首先要为该服务器手动配置 IP 地址。按方案要求把 IP 地址设置为 10.0.1.254，子网掩码设置为 255.255.255.0（如图 4-49 所示）。

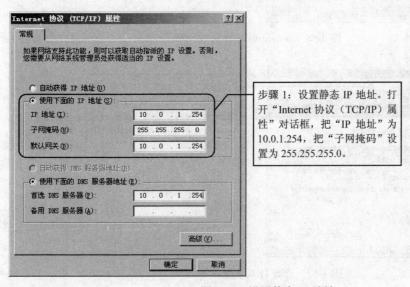

图 4-49　设置静态 IP 地址

Windows Server 2003 操作系统默认没有安装动态主机配置协议（DHCP），可以通过以下步骤手动添加：选择"控制面板"→"添加或删除程序"→"添加/删除 Windows 组件"→"网络服务"→"动态主机配置协议（DHCP）"，如图 4-50 至图 4-52 所示。

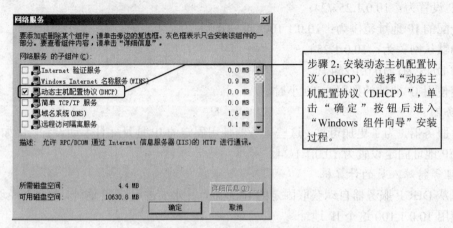

步骤 2: 安装动态主机配置协议（DHCP）。选择"动态主机配置协议（DHCP）"，单击"确定"按钮后进入"Windows 组件向导"安装过程。

图 4-50   安装动态主机配置协议（DHCP）

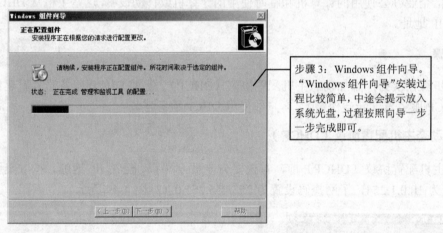

步骤 3: Windows 组件向导。"Windows 组件向导"安装过程比较简单，中途会提示放入系统光盘，过程按照向导一步一步完成即可。

图 4-51   Windows 组件向导

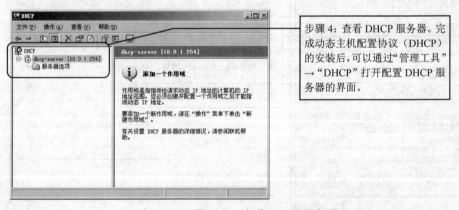

步骤 4: 查看 DHCP 服务器。完成动态主机配置协议（DHCP）的安装后，可以通过"管理工具"→"DHCP"打开配置 DHCP 服务器的界面。

图 4-52   查看 DHCP 服务器

4.2.3　配置 DHCP 服务器（新建作用域）

完成动态主机配置协议（DHCP）的添加后，还需要对 DHCP 服务器进行配置才能实现 IP 地址的动态分配。根据方案要求，要配置以下选项：

- 动态分配的 IP 地址范围为：10.0.1.100/24～10.0.1.200/24。
- 分配的默认网关为：10.0.1.254。
- 分配的 DNS 为：10.0.1.254。
- 使用 IP 地址的期限为 10 小时。

配置 DHCP 服务就是新建一个作用域的过程。图 4-53 至图 4-65 是配置的详细步骤。

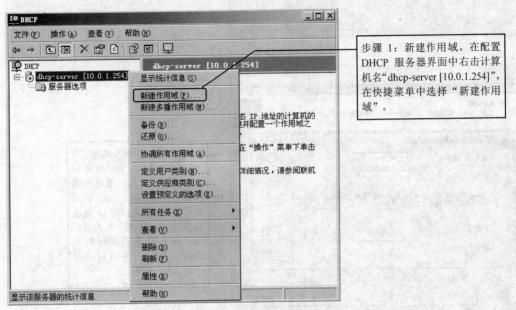

图 4-53　新建作用域

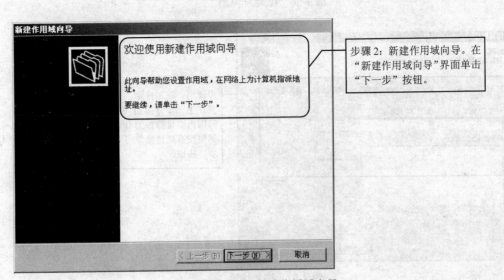

图 4-54　新建作用域向导

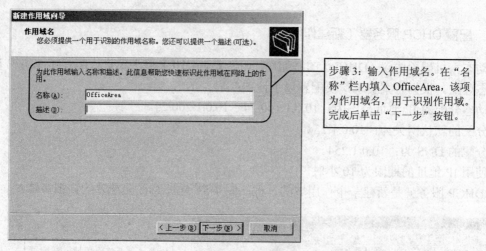

步骤 3：输入作用域名。在"名称"栏内填入 OfficeArea，该项为作用域名，用于识别作用域。完成后单击"下一步"按钮。

图 4-55　输入作用域名

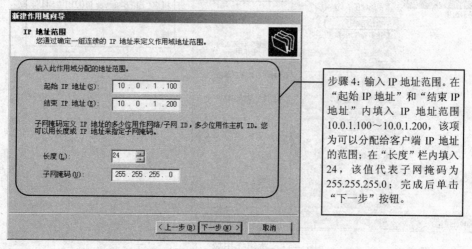

步骤 4：输入 IP 地址范围。在"起始 IP 地址"和"结束 IP 地址"内填入 IP 地址范围 10.0.1.100～10.0.1.200，该项为可以分配给客户端 IP 地址的范围；在"长度"栏内填入 24，该值代表子网掩码为 255.255.255.0；完成后单击"下一步"按钮。

图 4-56　IP 地址范围

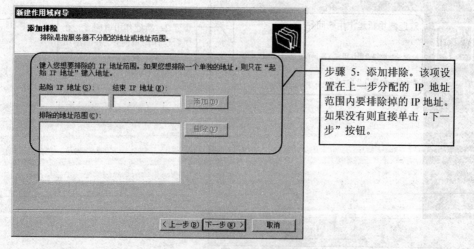

步骤 5：添加排除。该项设置在上一步分配的 IP 地址范围内要排除掉的 IP 地址。如果没有则直接单击"下一步"按钮。

图 4-57　添加排除

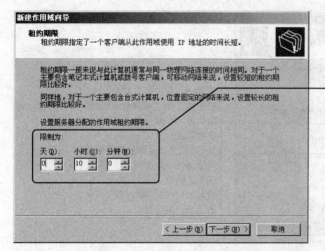

图 4-58　租约期限

步骤 6：租约期限。在"租约期限"界面中把"限制为"值更改为 10 小时，该项为客户端从 DHCP 申请到 IP 地址后使用的时间，由于企业网络中有一部分用户是临时用户，使用 IP 地址的时间不长，因此租约期限设置为一个较短的时间。完成后单击"下一步"按钮。

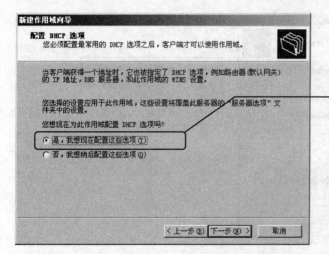

图 4-59　配置 DHCP 选项

步骤 7：配置 DHCP 选项。在"配置 DHCP 选项"界面中选择默认值"是，我想现在配置这些选项"，该项选择是否要为客户端指定默认网关或 DNS 服务器等选项。完成后单击"下一步"按钮。

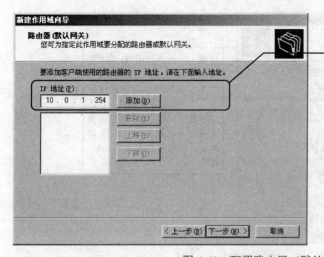

图 4-60　配置路由器（默认网关）

步骤 8：配置路由器（默认网关）。在"路由器（默认网关）"界面的"IP 地址"栏中填入 10.0.1.254，单击"添加"按钮把该值添加到下面的列表框，该项为客户端从 DHCP 获取 IP 地址的同时也指定默认网关。完成后单击"下一步"按钮。

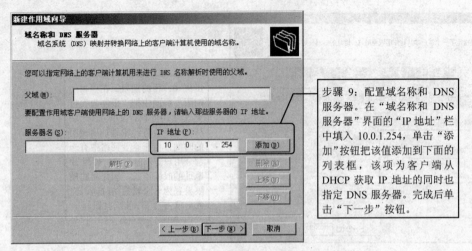

步骤 9：配置域名称和 DNS 服务器。在"域名称和 DNS 服务器"界面的"IP 地址"栏中填入 10.0.1.254，单击"添加"按钮把该值添加到下面的列表框，该项为客户端从 DHCP 获取 IP 地址的同时也指定 DNS 服务器。完成后单击"下一步"按钮。

图 4-61　配置域名称和 DNS 服务器

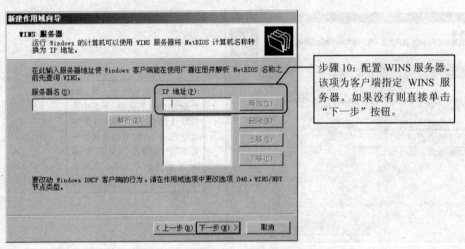

步骤 10：配置 WINS 服务器。该项为客户端指定 WINS 服务器。如果没有则直接单击"下一步"按钮。

图 4-62　配置 WINS 服务器

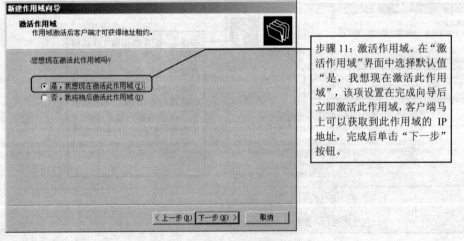

步骤 11：激活作用域。在"激活作用域"界面中选择默认值"是，我想现在激活此作用域"，该项设置在完成向导后立即激活此作用域，客户端马上可以获取到此作用域的 IP 地址，完成后单击"下一步"按钮。

图 4-63　激活作用域

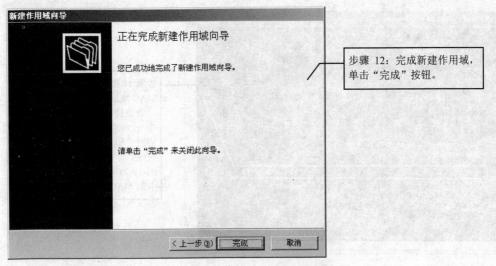

图 4-64　完成新建作用域

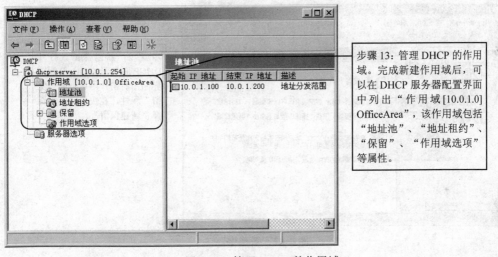

图 4-65　管理 DHCP 的作用域

4.2.4　配置 DHCP 服务器（新建保留）

在企业网络中，为了保证其他的客户端可以正常访问，有一部分计算机要求始终使用同一个 IP 地址，例如企业经理等特殊人员的计算机或者打印服务器等。DHCP 服务器可以为这些有特殊需求的主机分配固定的 IP 地址，这些 IP 地址只能为这些主机所使用，即使他们不用时也给他们保留。

DHCP 服务器的作用域具有保留属性，通过配置保留可以确保 DHCP 客户端始终接收相同的 IP 地址。配置保留实际就是为某个特定网卡 MAC 地址的 DHCP 客户端保留一个特定的 IP 地址。下面为企业经理计算机配置保留使用 IP 地址 10.0.1.100，过程如图 4-66 至图 4-69 所示。

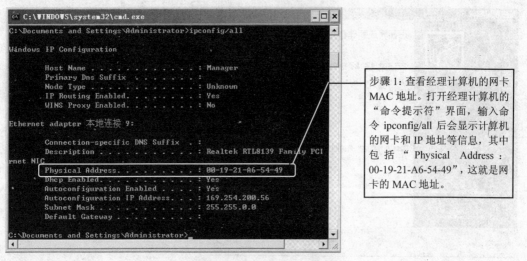

图 4-66　经理计算机的 MAC 地址

步骤 1：查看经理计算机的网卡 MAC 地址。打开经理计算机的"命令提示符"界面，输入命令 ipconfig/all 后会显示计算机的网卡和 IP 地址等信息，其中包括" Physical Address：00-19-21-A6-54-49"，这就是网卡的 MAC 地址。

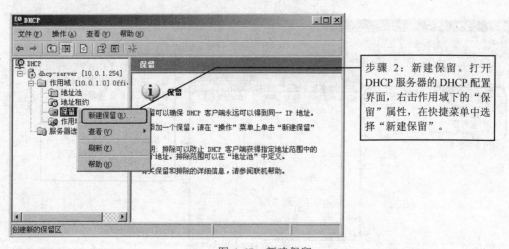

图 4-67　新建保留

步骤 2：新建保留。打开 DHCP 服务器的 DHCP 配置界面，右击作用域下的"保留"属性，在快捷菜单中选择"新建保留"。

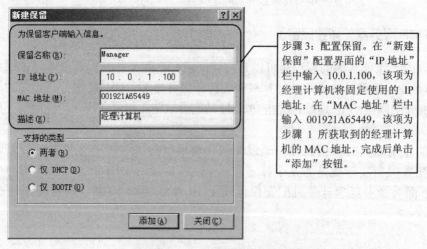

图 4-68　配置保留

步骤 3：配置保留。在"新建保留"配置界面的"IP 地址"栏中输入 10.0.1.100，该项为经理计算机将固定使用的 IP 地址；在"MAC 地址"栏中输入 001921A65449，该项为步骤 1 所获取到的经理计算机的 MAC 地址，完成后单击"添加"按钮。

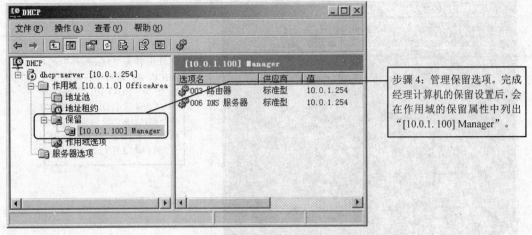

图 4-69 管理保留选项

4.2.5 客户端使用 DHCP 服务器

在作用域配置完成和激活后，DHCP 服务器就可以对网络的客户端动态地分配 IP 地址，客户端只需要保留系统的默认设置或者做简单的配置就可以自动获得 IP 地址，DHCP 客户端计算机自动获得 IP 地址的配置过程如图 4-70 至图 4-73 所示。

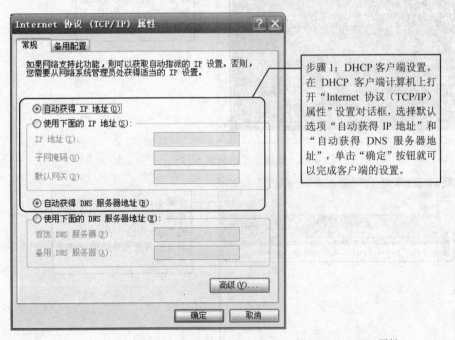

图 4-70 设置客户端的 Internet 协议（TCP/IP）属性

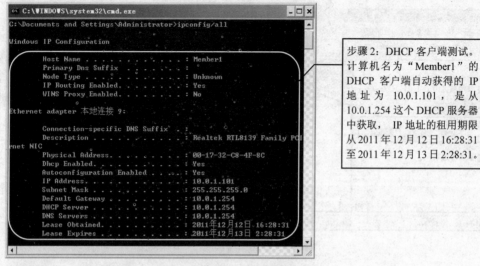

步骤 2：DHCP 客户端测试。计算机名为"Member1"的 DHCP 客户端自动获得的 IP 地址为 10.0.1.101，是从 10.0.1.254 这个 DHCP 服务器中获取，IP 地址的租用期限从 2011 年 12 月 12 日 16:28:31 至 2011 年 12 月 13 日 2:28:31。

图 4-71　DHCP 客户端测试

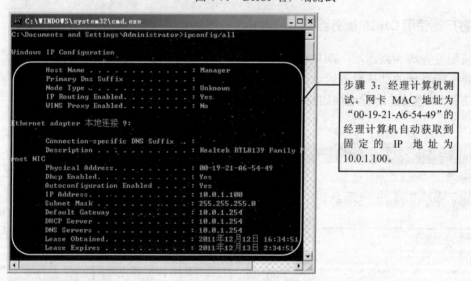

步骤 3：经理计算机测试。网卡 MAC 地址为"00-19-21-A6-54-49"的经理计算机自动获取到固定的 IP 地址为 10.0.1.100。

图 4-72　经理计算机测试

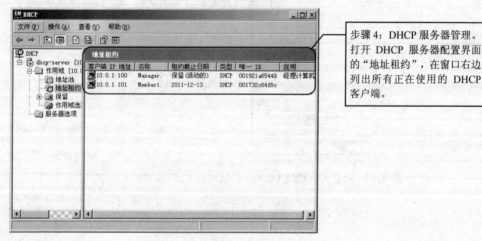

步骤 4：DHCP 服务器管理。打开 DHCP 服务器配置界面的"地址租约"，在窗口右边列出所有正在使用的 DHCP 客户端。

图 4-73　地址租约列表

4.2.6 知识点

一、DHCP 的概念

DHCP 是 Dynamic Host Configuration Protocol（动态主机配置协议）的简称，该协议允许服务器向客户端动态分配 IP 地址和配置信息。在使用 TCP/IP 的网络中，所有的计算机都有一个 IP 地址，为了减低配置 IP 地址的繁杂度和管理工作量，通常在网络内配置一台 DHCP 服务器，所有的 IP 地址设置参数都由 DHCP 服务器统一管理，DHCP 服务器还负责处理客户端的请求，而客户端不需要手动配置 IP 地址就能自动从 DHCP 服务器获得 IP 地址、子网掩码、默认网关和 DNS 服务器等基本信息。

目前，实现 DHCP 服务的方法有很多，可以把一台计算机配置为 DHCP 服务器，也可以使用一些整合了 DHCP 服务的路由器或交换机等网络设备，例如现在大多数宽带路由器就提供 DHCP 服务。

二、DHCP 的优缺点

1. DHCP 的优点
- 提高配置网络主机 IP 地址的工作效率。
- 避免因为手工设置 IP 地址所产生的错误。
- 通过租约期限的控制可以提高 IP 地址的使用效率。
- 减轻网络管理员的负担。

2. DHCP 的缺点
- 当 DHCP 服务器出错时，将会影响到整个网络。
- DHCP 服务器分配 IP 地址是随机的，不适用于大多数主机需要固定 IP 地址的网络。

三、DHCP 的作用域

作用域是指可以分配给 DHCP 客户端的 IP 地址范围。DHCP 服务器必须配置和激活一个作用域之后才能动态分配 IP 地址。作用域有下列属性：
- IP 地址的范围，是指客户端可以租用的 IP 地址范围。
- 子网掩码，用于确定 IP 地址的网络号。
- 排除范围，是指客户端不能租用的 IP 地址或地址范围。
- 租约期限，是指客户端租用 IP 地址后所能使用的期限，对于固定的台式计算机占多数的网络则租约期限值应该设置长一些,而对于笔记本计算机或移动设备比较多的网络则租约期限值应该设置短一点。
- DHCP 选项，DHCP 服务器除了可以给客户端分配 IP 地址之外还可以指定默认网关或 DNS 服务器等地址。
- 保留，用于确保 DHCP 客户端总能获取同样的一个 IP 地址，适合网络内需要固定 IP 地址的主机，例如打印服务器。保留需要把客户端的 MAC 地址和所指定的 IP 地址捆绑在一起，这样才能确保客户端只能分配到该 IP 地址。

任务 4.3   DNS 服务器的组建

一、能力目标

- 会安装与配置 DNS 服务器。
- 会设置客户端的 DNS 服务器地址。
- 会测试和使用 DNS 服务器。

二、知识目标

- 理解 DNS 的概念。
- 理解域名。
- 理解 DNS 服务器的工作原理。

4.3.1   任务概述

一、任务描述

某企业内部局域网配置了多台服务器（如 Web 服务器、FTP 服务器等），由于服务器较多，各台服务器的 IP 地址难以记忆，因此希望搭建一台 DNS 服务器用于实现使用域名的方式来访问各服务器。

二、需求分析

在局域网或者 Internet 中，每台计算机（包括服务器）都有一个 IP 地址，如 220.181.112.143，要寻找和定位这些计算机也是通过 IP 地址，由于 IP 地址难以理解和记忆，因此使用了一种更有意义并且容易记忆的域名作为计算机名称，如 www.baidu.com，而域名可以通过 DNS 服务器解析为 IP 地址，所以只需使用域名也可以访问到指定的计算机。

根据任务描述，该企业希望建立 DNS 服务器实现域名和 IP 地址的互相解析，从而使得用户可以通过易于记忆的域名来访问局域网内的多台服务器。

三、方案设计

Windows Server 2003 操作系统可以提供 DNS 服务，并且易于安装、配置和管理，因此使用一台安装了 Windows Server 2003 操作系统的计算机搭建为 DNS 服务器（拓扑结构如图 4-74 所示），从而实现以下的域名和 IP 地址互相解析：

- www.group.com ↔10.0.1.1
- ftp.group.com ↔ 10.0.1.1

方案的结构由以下部分组成：

（1）提供 Web 和 FTP 等服务的多台服务器：企业局域网内有 Web 等多台服务器，方案为每台服务器定义了域名，如 Web 服务器的域名为 www.group.com，客户端通过域名就可以访问到服务器，而不需要使用难以记忆的 IP 地址。

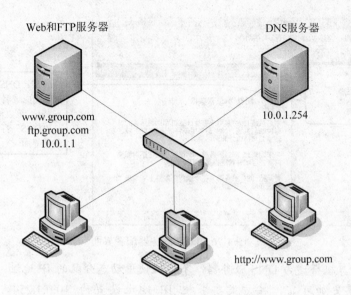

图 4-74　拓扑结构图

（2）DNS 服务器：负责把各个服务器的域名解析为 IP 地址，如把 www.group.com 解析为 10.0.1.1。

（3）普通计算机客户端：通过 DNS 服务器的解释，客户端使用域名就可以访问到相关的服务器，非常方便。

四、实施步骤

方案的实施步骤依次为：添加域名系统（DNS）、配置 DNS 服务器、客户端设置 DNS 服务器地址、测试 DNS 服务器。

4.3.2　添加域名系统（DNS）

Windows Server 2003 操作系统的默认安装中没有自动添加域名系统（DNS），可以通过以下步骤手动添加：选择"控制面板"→"添加或删除程序"→"添加/删除 Windows 组件"→"网络服务"→"域名系统（DNS）"，如图 4-75 至图 4-77 所示。

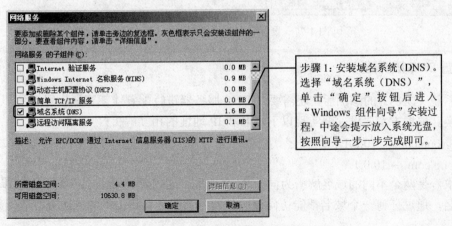

图 4-75　安装域名系统（DNS）

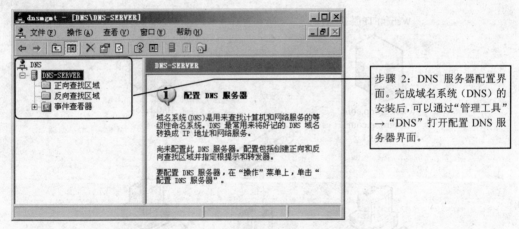

图 4-76　DNS 服务器配置界面

注意：把计算机搭建为 DNS 服务器，不建议使用动态分配的 IP 地址，静态的 IP 地址使得 DNS 服务器更加可靠。按方案要求把 IP 地址设置为 10.0.1.254，子网掩码设置为 255.255.255.0（如图 4-77 所示）。

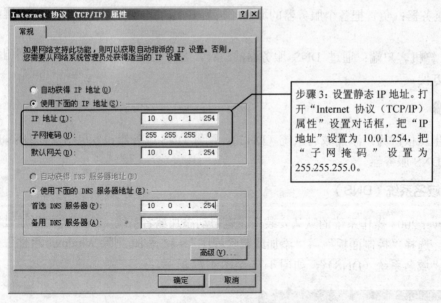

图 4-77　设置静态 IP 地址

4.3.3　配置 DNS 服务器

完成域名系统（DNS）的添加后，还需要对 DNS 服务器进行配置才能实现指定域名和 IP 地址的相互转换。根据方案要求，要实现以下域名和 IP 地址的相互解析：

- www.group.com ↔ 10.0.1.1
- ftp.group.com ↔ 10.0.1.1

从以上要求看是两个不同的域名解析为同一个 IP 地址，这代表 IP 地址为 10.0.1.1 的服务器具有两个域名，通过任何一个域名都能访问该服务器，该服务器将提供两种服务：Web 和 FTP 服务。

　　配置该 DNS 服务器包括创建正向查找区域和反向查找区域，正向查找区域配置域名转换成 IP 地址，而反向查找区域配置 IP 地址转换成域名。以下是配置的详细步骤。

一、创建正向查找区域

　　正向查找允许用户使用域名访问服务器，正向查找的域名信息保存在正向查找区域中。为了进行正向查找，需要在 DNS 服务器中创建正向查找区域。根据要求实现域名 www.group.com 正向转换为 IP 地址 10.0.1.1 和域名 ftp.group.com 正向转换为 IP 地址 10.0.1.1，具体实施分为两步：新建区域和新建主机。

　　1. 新建区域

　　新建 group.com 正向区域，实现的过程如图 4-78 至图 4-83 所示。

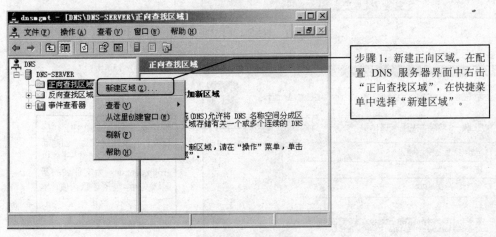

图 4-78　新建正向区域

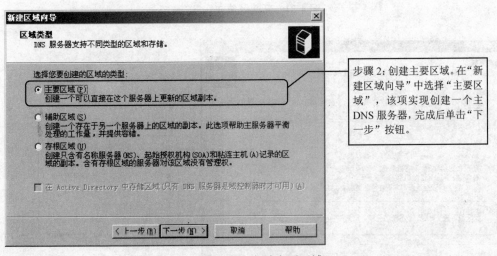

图 4-79　创建主要区域

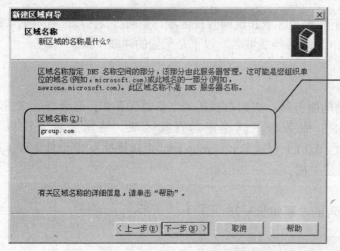

步骤 3：新建区域名称。在"区域名称"内填入 group.com，该项为单位的域名，不包括主机名（例如，域名 www.group.com 的单位域名为 group.com，主机名为 www），完成后单击"下一步"按钮。

图 4-80　新建区域名称

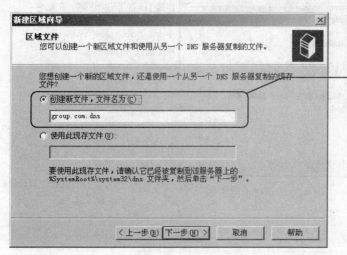

步骤 4：新建区域文件。"区域文件"默认设置为"创建新文件"，该项创建一个以 group.com.dns 为文件名的新区域文件，使用该默认值，单击"下一步"按钮。

图 4-81　新建区域文件

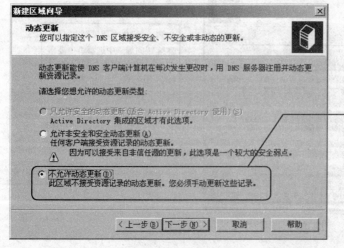

步骤 5：动态更新。"动态更新"默认设置为"不允许动态更新"，该项设置更加安全，但必须手动更新资源记录，使用该默认值，单击"下一步"按钮。

图 4-82　动态更新

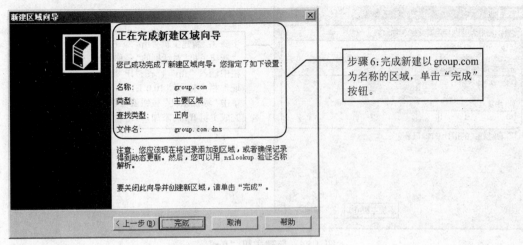

图 4-83　完成新建正向区域

2. 新建主机

根据要求在正向区域 group.com 中新建两个主机 www 和 ftp，它们都解析为 IP 地址 10.0.1.1，实现步骤如图 4-84 至图 4-87 所示。

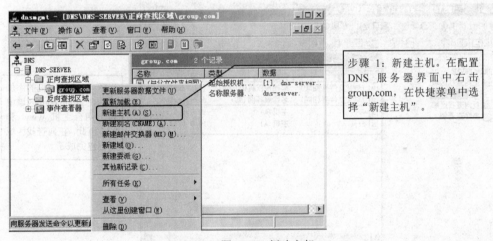

图 4-84　新建主机

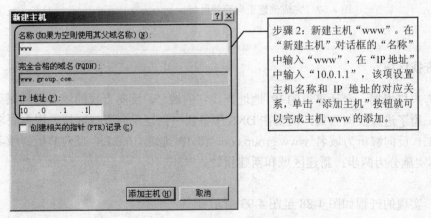

图 4-85　新建主机"www"

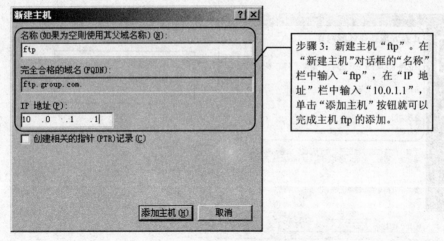

图 4-86　新建主机 "ftp"

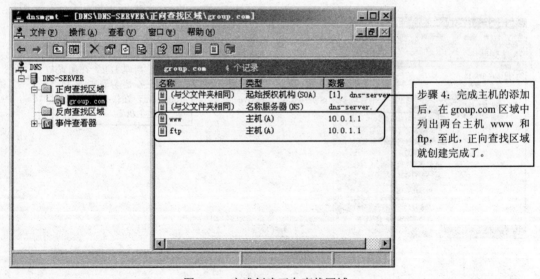

图 4-87　完成创建正向查找区域

二、创建反向查找区域

反向查找允许客户机根据一台计算机的 IP 地址查找它的域名,反向查找的域名信息保存在反向查找区域中。为了进行反向查找,需要在 DNS 服务器中创建反向查找区域。根据要求实现 IP 地址 10.0.1.1 反向解析为域名 www.group.com 和 IP 地址 10.0.1.1 反向解析为域名 ftp.group.com,具体实施分为两步:新建区域和新建指针。

1. 新建区域

新建反向区域,实现的过程如图 4-88 至图 4-93 所示。

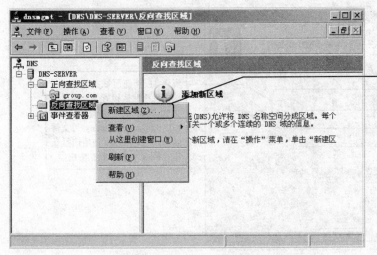

图 4-88 新建反向区域

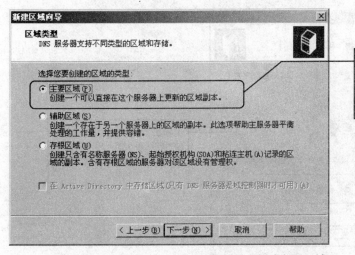

图 4-89 创建主要区域

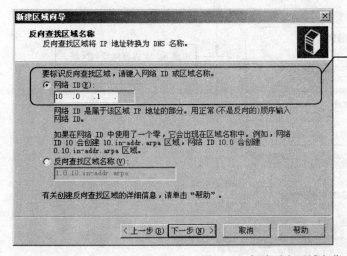

图 4-90 新建反向区域名称

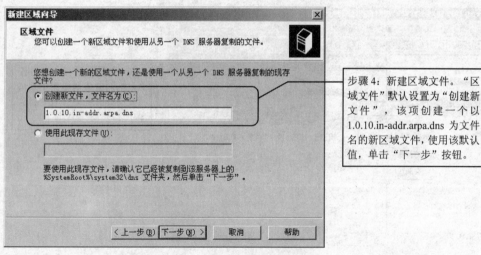

步骤 4：新建区域文件。"区域文件"默认设置为"创建新文件"，该项创建一个以 1.0.10.in-addr.arpa.dns 为文件名的新区域文件，使用该默认值，单击"下一步"按钮。

图 4-91　新建区域文件

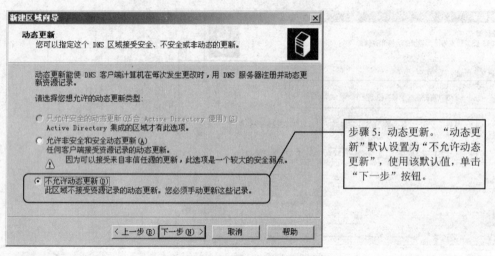

步骤 5：动态更新。"动态更新"默认设置为"不允许动态更新"，使用该默认值，单击"下一步"按钮。

图 4-92　动态更新

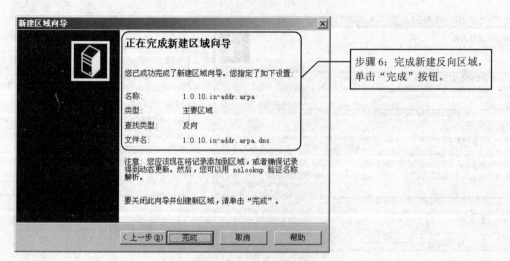

步骤 6：完成新建反向区域，单击"完成"按钮。

图 4-93　完成新建反向区域

2. 新建指针

根据要求在反向区域中新建两条指针记录，主机 IP 地址为 10.0.1.1，解析为主机名 www.group.com 和 ftp.group.com，实现的步骤如图 4-94 至图 4-97 所示。

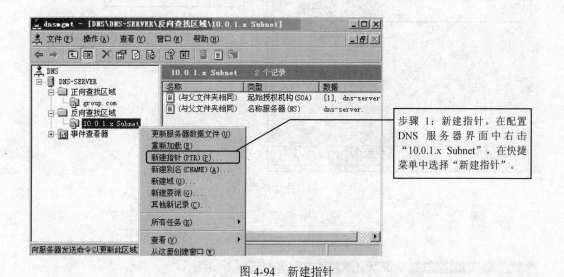

步骤 1：新建指针。在配置 DNS 服务器界面中右击 "10.0.1.x Subnet"，在快捷菜单中选择 "新建指针"。

图 4-94　新建指针

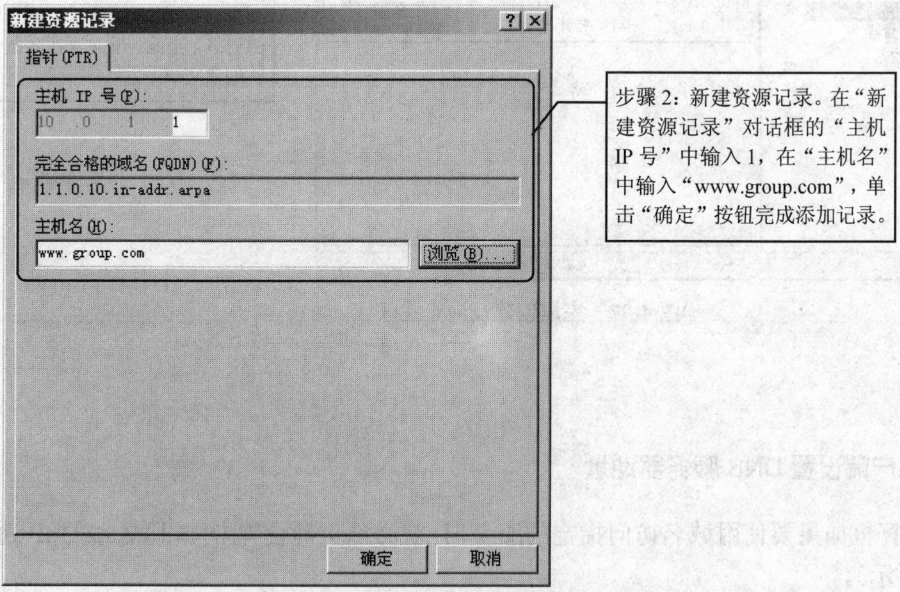

步骤 2：新建资源记录。在 "新建资源记录" 对话框的 "主机 IP 号" 中输入1，在 "主机名" 中输入 "www.group.com"，单击 "确定" 按钮完成添加记录。

图 4-95　新建资源记录

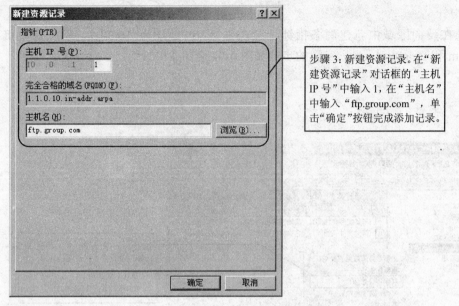

步骤3：新建资源记录。在"新建资源记录"对话框的"主机 IP 号"中输入1，在"主机名"中输入"ftp.group.com"，单击"确定"按钮完成添加记录。

图 4-96　新建资源记录

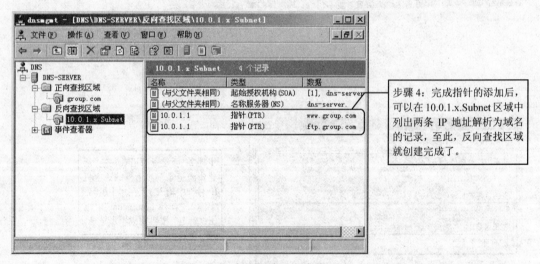

步骤4：完成指针的添加后，可以在 10.0.1.x.Subnet 区域中列出两条 IP 地址解析为域名的记录，至此，反向查找区域就创建完成了。

图 4-97　完成创建反向查找区域

4.3.4　客户端设置 DNS 服务器地址

　　客户端计算机如果要使用域名访问指定的服务器，就必须正确设置 DNS 服务器的 IP 地址（如图 4-98 所示）。

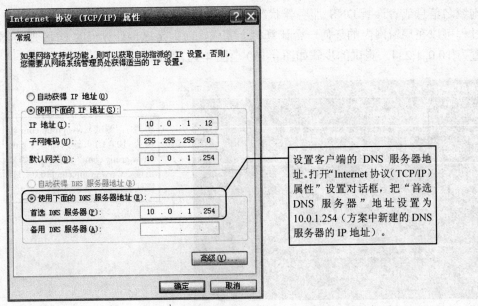

图 4-98 设置客户端的 DNS 服务器地址

当 DNS 服务器和客户端都设置完成后，客户端就可以通过域名访问服务器，例如，客户端通过域名 www.group.com 访问 Web 服务器的过程如图 4-99 所示。

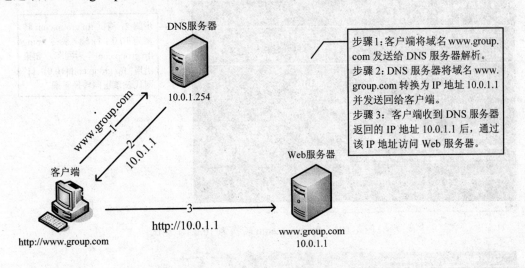

图 4-99 客户端通过域名访问服务器的过程

4.3.5 测试 DNS 服务器

测试任务主要是检查以上 DNS 服务器和客户端的配置是否正确，测试的过程主要分为两个部分：

- 正向转换测试：主要测试 www.group.com 转换为 10.0.1.1 和 ftp.group.com 转换为 10.0.1.1 是否正确，使用的测试命令为"ping"。
- 反向转换测试，主要测试 10.0.1.1 转换为 www.group.com 和 10.0.1.1 转换为 ftp.group.com 是否正确，使用的测试命令为"nslookup"。nslookup 命令是一个用于查询域名信息或者诊断 DNS 服务器状况的程序。

测试过程可以在局域网内的任何一台计算机上完成，前提是这台计算机的 DNS 服务器地址必须设置为 10.0..1.254。测试的步骤如图 4-100 至图 4-103 所示。

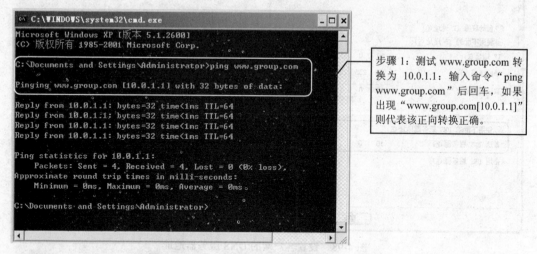

图 4-100   www.group.com 转换为 10.0.1.1 测试

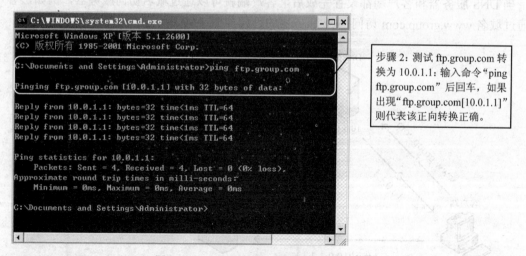

图 4-101   ftp.group.com 转换为 10.0.1.1 测试

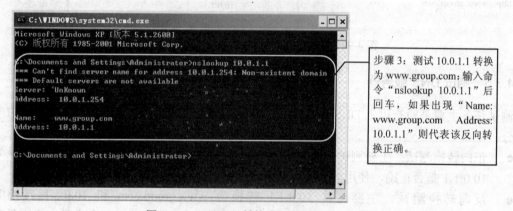

图 4-102   10.0.1.1 转换为 www.group.com 测试

图 4-103 10.0.1.1 转换为 ftp.group.com 测试

4.3.6 知识点

一、DNS 的概念

DNS 是 Domain Name System（域名系统）的简称，它是用来查找计算机和网络服务的名称系统。DNS 常常用来将好记忆和有意义的 DNS 域名转换成 IP 地址，例如，当用户访问百度网站时，可以使用域名 www.baidu.com，而不需要使用难记的 IP 地址 220.181.112.143，DNS 就是提供把域名 www.baidu.com 转换成 IP 地址 220.181.112.143 的服务。

二、域名

域名指网络上某台计算机的名称，它是由点分隔开一串单词或缩写组成的一个名称，例如百度网站的域名为 www.baidu.com。每一个域名都有对应的 IP 地址，例如域名 www.baidu.com 对应的 IP 地址为 220.181.112.143，通过域名或 IP 地址都能访问指定的计算机，但相对于 IP 地址来说域名更容易记忆。

域名分为不同的级别，它的层次结构如图 4-104 所示，例如域名 www.baidu.com 的顶级域为 com，二级域为 baidu，主机名为 www。

三、DNS 服务器的工作原理

DNS 服务是目前网络中最重要的服务之一，它主要完成域名和 IP 地址的相互解析。DNS 服务器的解析过程如图 4-105 所示。

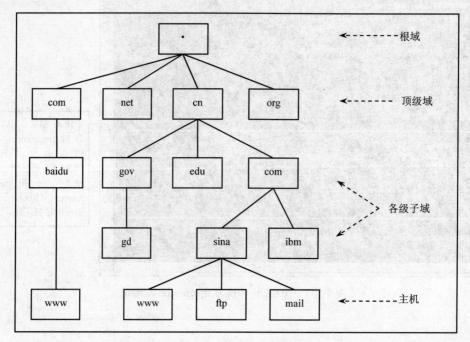

图 4-104　域名层次结构

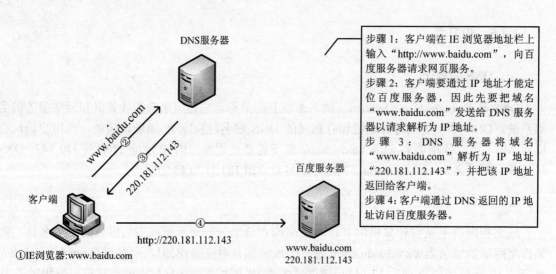

步骤 1：客户端在 IE 浏览器地址栏上输入"http://www.baidu.com"，向百度服务器请求网页服务。

步骤 2：客户端要通过 IP 地址才能定位百度服务器，因此先要把域名"www.baidu.com"发送给 DNS 服务器以请求解析为 IP 地址。

步骤 3：DNS 服务器将域名"www.baidu.com"解析为 IP 地址"220.181.112.143"，并把该 IP 地址返回给客户端。

步骤 4：客户端通过 DNS 返回的 IP 地址访问百度服务器。

图 4-105　DNS 服务器的解析过程

项目五　信息服务器的组建

任务 5.1　Web 服务器的组建

一、能力目标

- 会安装与配置 Internet 信息服务器（IIS）。
- 会创建和配置网站。
- 会创建和配置虚拟目录。

二、知识目标

- 了解 Internet 信息服务（IIS）。
- 掌握 Web 服务器的概念和原理。
- 熟悉 IIS、网站属性的设置。
- 理解虚拟目录。

5.1.1　任务概述

一、任务描述

为了适应现代企业发展的需要，某企业计划搭建一台网站服务器，该服务器主要为了发布宣传企业、产品的网页和发布企业内部新闻、通知等，内部新闻和通知只能开放给企业内部员工。

二、需求分析

Web 服务器主要提供网上信息浏览服务，是目前 Internet 上使用最广泛和最重要的服务。利用 Web 服务器，企业甚至个人都可以迅速地向全球用户发布信息，现代企业都希望搭建自己的 Web 服务器以实现信息发布、电子商务和网络办公等功能。

根据任务描述，该企业希望搭建网站服务器（Web 服务器）实现以下功能：

- 在 Internet 上发布宣传企业和产品的网页，这部分面向全球的用户。
- 在 Internet 或企业局域网上发布企业内部新闻和通知的网页，注意：这部分只对企业内部员工开放。

三、方案设计

创建网站的方式有两种：租用虚拟主机和自建服务器，租用虚拟主机是租用一台运行在互联网上的服务器的一部分空间用于放置网站,虚拟主机的建设成本较低但有些功能会受到限制;在资金允许的情况下可以选择自建服务器,目前建设 Web 服务器最常用的技术是 Microsoft

的 Internet 信息服务器（IIS）和 Apache。

　　根据企业的需求，方案使用一台 Windows Server 2003 服务器来搭建 Web 服务器（拓扑结构如图 5-1 所示）。

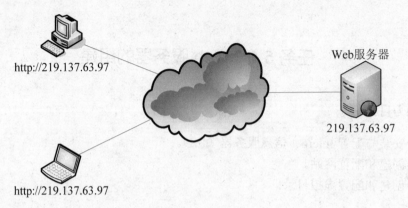

图 5-1　拓扑结构

　　方案的结构由以下部分组成：

1．Web 服务器

Web 服务器连接到 Internet，有固定的公网 IP 地址和域名，有网络和服务器管理员管理 Web 服务器，有专业的网页程序员制作网页，Web 服务器的配置如下：

● 使用 Internet 信息服务（IIS）技术来实现 Web 服务器。

● 网站发布的 IP 地址为"219.137.63.97"，网站的默认主页为"PublicDefault.htm"，宣传企业和产品的网页的存放路径为"D:\Public\"。

● 创建虚拟目录用于发布企业内部新闻和通知，存放路径为"D:\internal\"，设置权限为需要用户名和密码才能登录。

2．用户

用户可以在 Internet 上通过浏览器访问企业的 Web 服务器，普通用户可以浏览到企业公开的网页，企业内部员工需要通过用户名和密码才能浏览到企业内部的新闻和通知。

四、实施步骤

　　方案的实施步骤依次为：添加 Internet 信息服务（IIS）、配置 Web 服务器（网站）、新建虚拟目录、配置网站访问权限。

5.1.2　添加 Internet 信息服务（IIS）

Internet 信息服务（IIS）是 Windows Server 操作系统提供的服务器平台，集成了 Web、FTP 和 SMTP 等服务功能，Windows Server 2003 自带有 IIS 6.0，但默认安装时 IIS 不会被安装，可以通过以下步骤手动添加：选择"控制面板"→"添加或删除程序"→"添加/删除 Windows 组件"→"应用程序服务器"，如图 5-2 至图 5-5 所示。

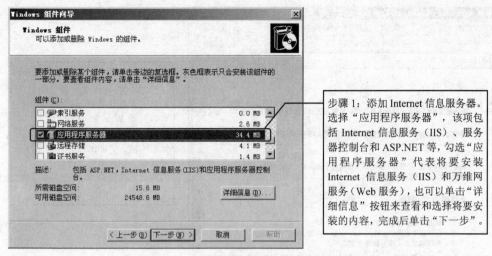

步骤1：添加Internet信息服务器。选择"应用程序服务器"，该项包括Internet信息服务（IIS）、服务器控制台和ASP.NET等，勾选"应用程序服务器"代表将要安装Internet信息服务（IIS）和万维网服务（Web服务），也可以单击"详细信息"按钮来查看和选择将要安装的内容，完成后单击"下一步"。

图5-2 添加Internet信息服务器

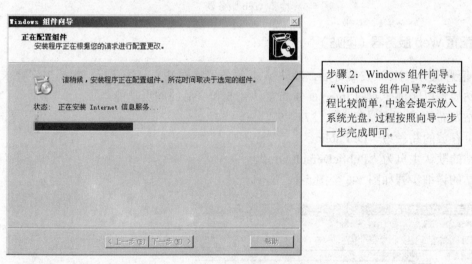

步骤2：Windows组件向导。"Windows组件向导"安装过程比较简单，中途会提示放入系统光盘，过程按照向导一步一步完成即可。

图5-3 Windows组件向导

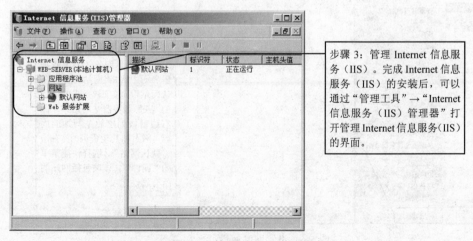

步骤3：管理Internet信息服务（IIS）。完成Internet信息服务（IIS）的安装后，可以通过"管理工具"→"Internet信息服务（IIS）管理器"打开管理Internet信息服务（IIS）的界面。

图5-4 管理Internet信息服务（IIS）

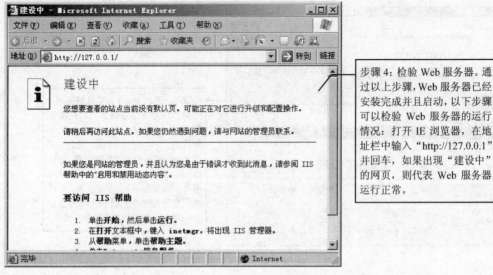

图 5-5　检验 Web 服务器

5.1.3　配置 Web 服务器（网站）

Internet 信息服务（IIS）安装好后，默认 Web 服务器（网站）已经运行。根据方案要求，需要配置网站属性以实现企业向 Internet 发布宣传企业和产品的网页功能：

- 网站发布的 IP 地址为"219.137.63.97"。
- 网页存放的路径为"D:\Public\"。
- 网站的默认主页为"PublicDefault.htm"。

配置网站的详细步骤如图 5-6 至图 5-11 所示。

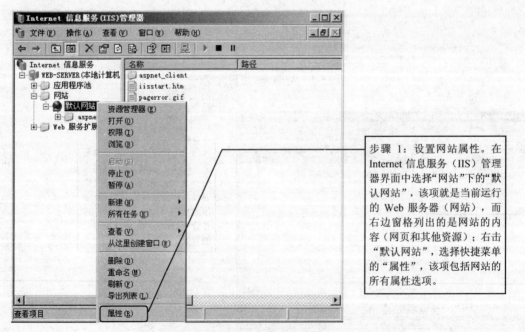

图 5-6　设置网站属性

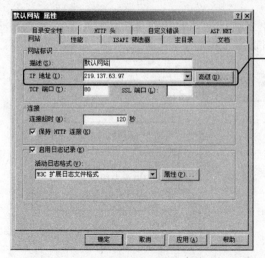

图 5-7　设置网站发布的 IP 地址

步骤 2：设置网站发布的 IP 地址。在属性对话框的"网站"选项卡中，选择"IP 地址"栏的"219.137.63.97"（前提是本机的 IP 设置为"219.137.63.97"），该项设置网站发布的 IP 地址，也就是用户可以通过该 IP 地址访问网站；完成后单击"应用"按钮。

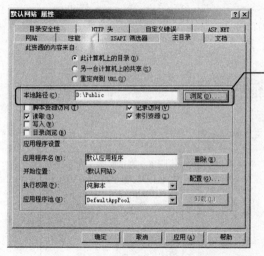

图 5-8　设置网站的主目录

步骤 3：设置网站的主目录。在属性的"主目录"选项卡的"本地路径"栏选择或填入"D:\Public\"，该项为网站的网页或其他资源的存放路径，完成后单击"应用"按钮。

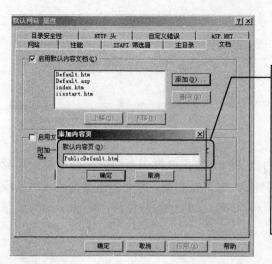

图 5-9　设置网站默认打开的网页

步骤 4：设置网站默认打开的网页。在属性对话框的"文档"选项卡的"启用默认内容文档"里单击"添加"按钮，在"添加内容页"对话框中填入网页名字"PublicDefault.htm"，单击"确定"按钮将该名字添加到列表中，通过"上移"按钮把"PublicDefault.htm"移到列表的第一项，该项设置为网站默认打开的主页，用户通过链接"http://219.137.63.97"可以直接打开该网页；完成后单击"确定"按钮。

以上步骤已经完成网站服务器的设置，接下来测试网站的功能是否运行正常，测试方法是：在网站中添加网页并且使用浏览器浏览该网页，步骤如下：

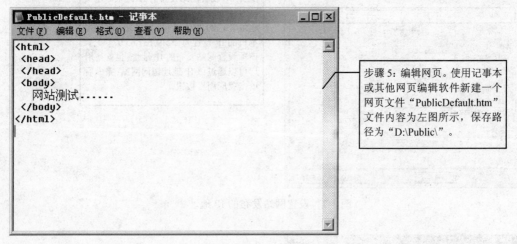

步骤 5：编辑网页。使用记事本或其他网页编辑软件新建一个网页文件"PublicDefault.htm"文件内容为左图所示，保存路径为"D:\Public\"。

图 5-10　编辑网页

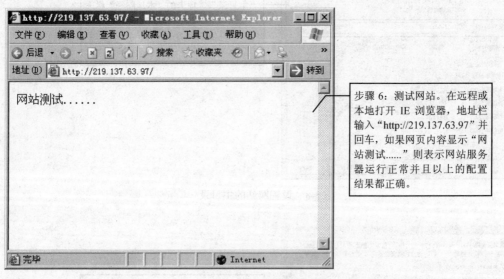

步骤 6：测试网站。在远程或本地打开 IE 浏览器，地址栏输入"http://219.137.63.97"并回车，如果网页内容显示"网站测试……"则表示网站服务器运行正常并且以上的配置结果都正确。

图 5-11　测试网站

5.1.4　新建虚拟目录

虚拟目录提供了一种使用网站主目录以外的目录的方法，使得无需向网站的主目录中移动或复制文件就可以在网站上发布虚拟目录的内容。根据方案要求，需要创建虚拟目录以实现发布企业内部新闻和通知的功能，企业内部新闻和通知网页的存放路径为"D:\internal\"。新建虚拟目录的详细步骤如图 5-12 至图 5-16 所示。

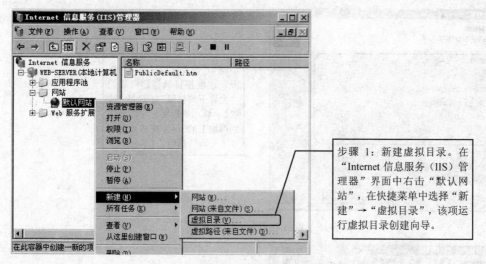

步骤 1：新建虚拟目录。在"Internet 信息服务（IIS）管理器"界面中右击"默认网站"，在快捷菜单中选择"新建"→"虚拟目录"，该项运行虚拟目录创建向导。

图 5-12　新建虚拟目录

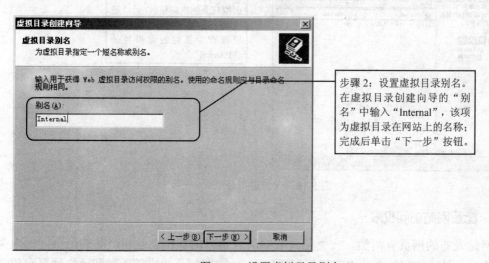

步骤 2：设置虚拟目录别名。在虚拟目录创建向导的"别名"中输入"Internal"，该项为虚拟目录在网站上的名称；完成后单击"下一步"按钮。

图 5-13　设置虚拟目录别名

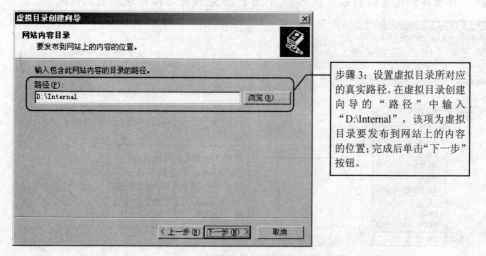

步骤 3：设置虚拟目录所对应的真实路径。在虚拟目录创建向导的"路径"中输入"D:\Internal"，该项为虚拟目录要发布到网站上的内容的位置；完成后单击"下一步"按钮。

图 5-14　设置虚拟目录所对应的真实路径

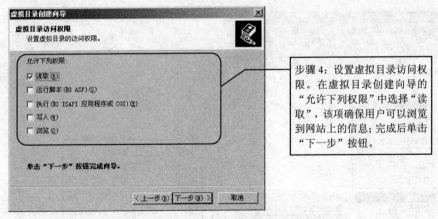

步骤4：设置虚拟目录访问权限。在虚拟目录创建向导的"允许下列权限"中选择"读取"，该项确保用户可以浏览到网站上的信息；完成后单击"下一步"按钮。

图 5-15   设置虚拟目录访问权限

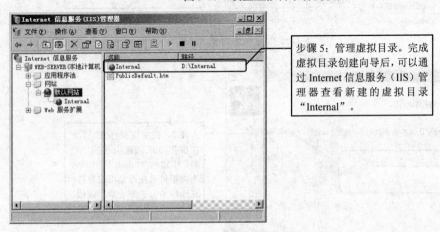

步骤5：管理虚拟目录。完成虚拟目录创建向导后，可以通过 Internet 信息服务（IIS）管理器查看新建的虚拟目录"Internal"。

图 5-16   管理虚拟目录

5.1.5   配置网站访问权限

企业网站发布的网页有两类，一类是开放给所有用户的宣传企业和产品的网页；另一类的只允许给企业员工访问的企业内部新闻和通知网页。方案把企业内部新闻和通知网页存放在"D:\internal\"目录并创建虚拟目录，图 5-17 至图 5-25 是设置虚拟目录的访问权限。

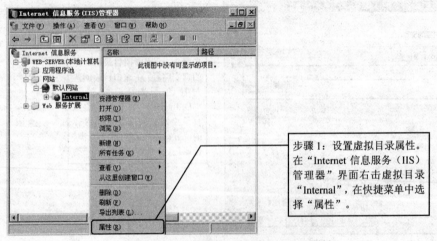

步骤1：设置虚拟目录属性。在"Internet 信息服务（IIS）管理器"界面右击虚拟目录"Internal"，在快捷菜单中选择"属性"。

图 5-17   设置虚拟目录属性

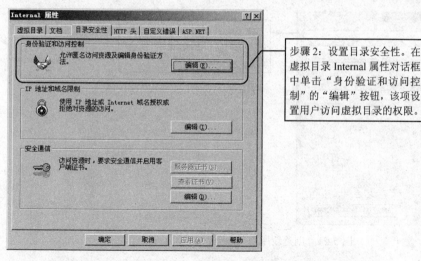

步骤 2：设置目录安全性。在虚拟目录 Internal 属性对话框中单击"身份验证和访问控制"的"编辑"按钮，该项设置用户访问虚拟目录的权限。

图 5-18 设置目录安全性

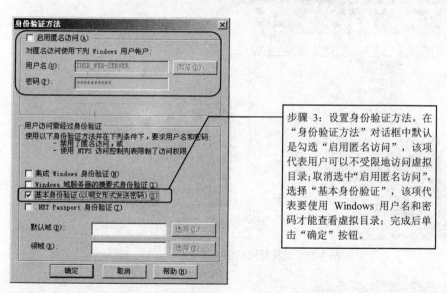

步骤 3：设置身份验证方法。在"身份验证方法"对话框中默认是勾选"启用匿名访问"，该项代表用户可以不受限地访问虚拟目录；取消选中"启用匿名访问"，选择"基本身份验证"，该项代表要使用 Windows 用户名和密码才能查看虚拟目录；完成后单击"确定"按钮。

图 5-19 设置身份验证方法

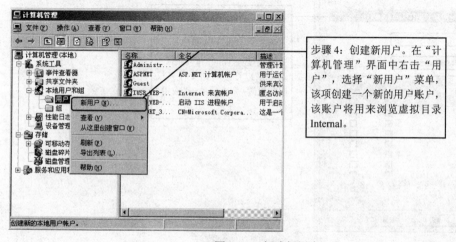

步骤 4：创建新用户。在"计算机管理"界面中右击"用户"，选择"新用户"菜单，该项创建一个新的用户账户，该账户将用来浏览虚拟目录 Internal。

图 5-20 创建新用户

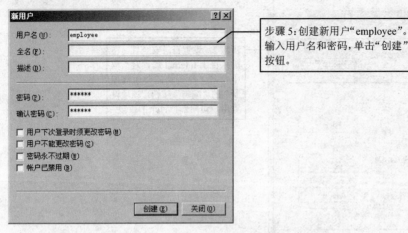

图 5-21　创建新用户"employee"

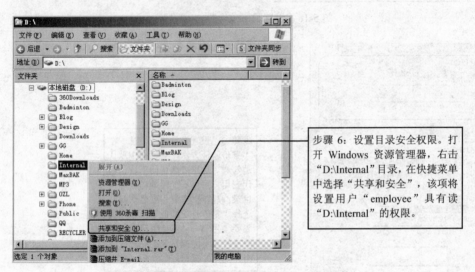

图 5-22　设置目录安全权限

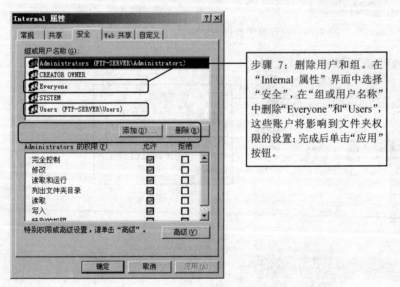

图 5-23　删除用户和组

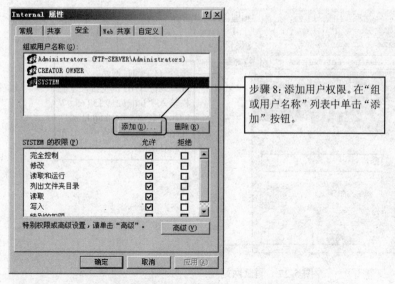

图 5-24　添加用户权限

步骤 8：添加用户权限。在"组或用户名称"列表中单击"添加"按钮。

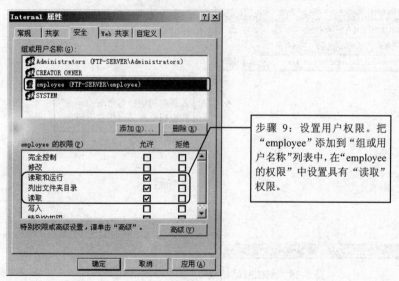

图 5-25　设置用户权限

步骤 9：设置用户权限。把"employee"添加到"组或用户名称"列表中，在"employee 的权限"中设置具有"读取"权限。

以上步骤已经完成虚拟目录的用户权限设置，接下来测试虚拟目录 Internal 的运行情况，测试方法：在虚拟目录中添加网页并且使用浏览器浏览该网页，步骤如图 5-26 至图 5-28 所示。

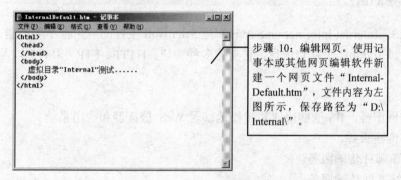

步骤 10：编辑网页。使用记事本或其他网页编辑软件新建一个网页文件 "Internal-Default.htm"，文件内容为左图所示，保存路径为 "D:\Internal\"。

图 5-26　编辑网页

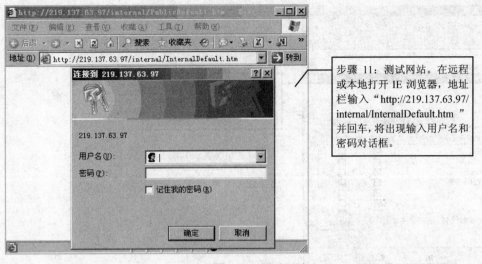

步骤 11：测试网站。在远程或本地打开 IE 浏览器，地址栏输入 "http://219.137.63.97/internal/InternalDefault.htm" 并回车，将出现输入用户名和密码对话框。

图 5-27 测试网站

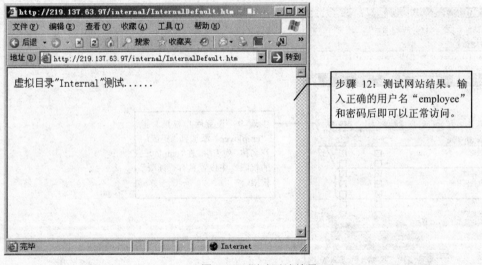

步骤 12：测试网站结果。输入正确的用户名 "employee" 和密码后即可以正常访问。

图 5-28 测试网站结果

5.1.6 知识点

一、Internet 信息服务（IIS）

Internet 信息服务（IIS，Internet Information Server）是 Microsoft 主推的应用程序服务器，IIS 能够迅速地在 Internet 或 Intranet 上发布信息，它支持多种协议：HTTP、FTP、SMTP 以及 NNTP。

IIS 的核心组件如下：

● Web 服务：万维网服务，IIS 能够快速和轻松地部署 Web 服务器和应用系统。

● FTP 服务：文件传输服务。

● SMTP 服务：简单邮件传输服务。

● NNTP 服务：网络新闻传输服务。

● IIS 管理器：管理 IIS 和 Web 服务器等。

二、Web 服务器

Web 服务器简称 WWW（World Wide Web）服务器，主要功能是管理和维护网站和网页，并回复基于客户端浏览器的请求。目前架设 Web 服务器最常用的方法是 IIS 和 Apache。

Web 服务器的工作原理如图 5-29 所示。服务器和客户端主要使用 HTTP（超文本传输协议）进行信息交流，客户端浏览器向 Internet 上的 Web 服务器提出浏览网页的 HTTP 请求，Web 服务器收到请求后，在主目录中查找网页，如果有则把网页回传给客户端浏览器，浏览器收到网页后解释并显示。

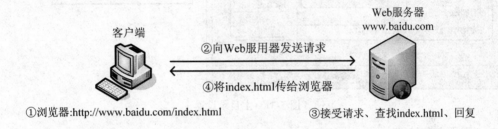

图 5-29　Web 服务器的工作原理

三、IIS 的网站属性设置

1. 网站

网站基本信息主要设置 IP 地址、端口、连接超时、日志等属性，详细说明如图 5-30 所示。

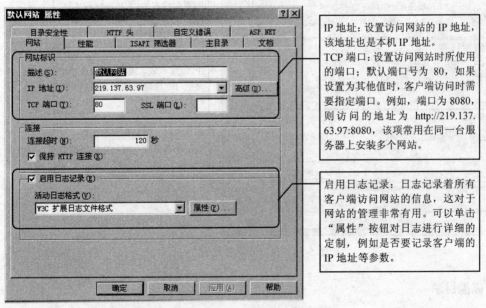

图 5-30　网站基本信息设置

2. 主目录

主目录属性主要设置网站资源的存放路径、权限和应用程序等属性，详细说明如图 5-31 所示。

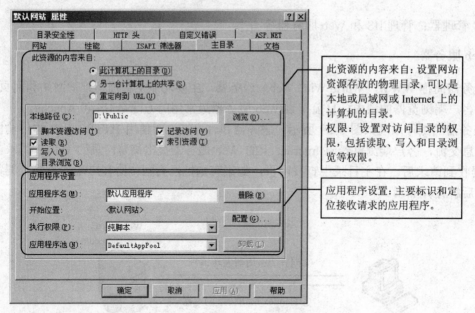

此资源的内容来自：设置网站资源存放的物理目录，可以是本地或局域网或 Internet 上的计算机的目录。

权限：设置对访问目录的权限，包括读取、写入和目录浏览等权限。

应用程序设置：主要标识和定位接收请求的应用程序。

图 5-31　主目录设置

3. 目录安全性

目录安全性属性主要设置身份验证和访问控制、IP 地址和域名限制和安全通信等属性，详细说明如图 5-32 所示。

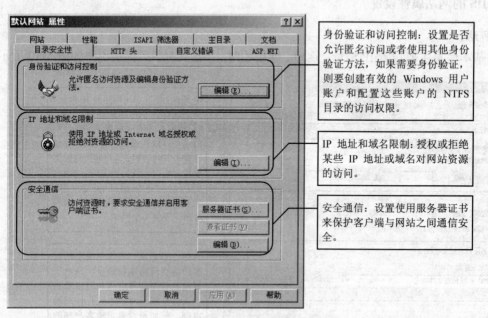

身份验证和访问控制：设置是否允许匿名访问或者使用其他身份验证方法，如果需要身份验证，则要创建有效的 Windows 用户账户和配置这些账户的 NTFS 目录的访问权限。

IP 地址和域名限制：授权或拒绝某些 IP 地址或域名对网站资源的访问。

安全通信：设置使用服务器证书来保护客户端与网站之间通信安全。

图 5-32　目录安全性设置

四、虚拟目录

一般情况下，网站的内容资源都存放一个单独的目录结构中，即主目录，但是，有时因为某种需要使用到主目录以外的其他路径的资源，例如，本地计算机上的其他目录或其他计算机上的目录，这时就可以使用虚拟目录。

虚拟目录提供了一种使用网站主目录以外的目录的方法，使得无需向网站的主目录中移动或复制文件就可以在网站上发布虚拟目录的内容。对于网站浏览用户来说，访问虚拟目录就像网站主目录下的一个子目录，非常方便。

任务 5.2　FTP 服务器的组建

一、能力目标

- 会添加 FTP 服务。
- 会创建和配置 FTP 服务器。
- 会设置 FTP 服务器访问权限。
- 会管理 FTP 服务器。

二、知识目标

- 了解 FTP 服务的概念。
- 熟悉 FTP 服务器属性的设置。

5.2.1　任务概述

一、任务描述

某企业计划搭建一台 FTP 服务器，该服务器主要用于共享企业的文件资源，企业员工可以通过互联网或企业网络下载这些资源，文件管理员则负责管理这些文件资源。

二、需求分析

文件传输是互联网最常用的应用之一，互联网用户常常需要共享或者传输自己的文件资源给其他用户，目前最常用的方法就是搭建 FTP 服务器，FTP 服务器可以长期为授权用户提供上传和下载文件的服务。

根据任务描述，该企业希望搭建 FTP 服务器实现以下功能：

- 共享企业的文件资源。
- 企业员工可以通过 Internet 或 Internal 下载 FTP 服务器的文件。
- 文件管理员管理文件资源。

三、方案设计

目前搭建 FTP 服务器的方法有很多，使用 Windows 自带的 Internet 信息服务（IIS）和 Server-u 等 FTP 服务器端软件都能很快速地创建 FTP 服务器。

根据企业的需求，方案使用 Internet 信息服务（IIS）来实现 FTP 服务器（拓扑结构如图 5-33 所示）。

方案的结构由以下部分组成：

1. FTP 服务器

FTP 服务器连接到 Internet，有固定的公网 IP 地址和域名，有专业网络或服务器管理员管理 FTP 服务器，FTP 服务器的配置如下：

- FTP 站点发布的 IP 地址为"219.137.63.97"，企业的文件资源的存放路径为"D:\FtpResources\"。
- 企业员工具有读取 FTP 服务器文件的权限。
- 文件管理员具有读和写 FTP 服务器文件的权限。

图 5-33　拓扑结构图

2. 用户

通过 Internet 或 Internal，企业员工可以下载 FTP 服务器上的文件，文件管理员可以向 FTP 服务器上传文件，也可以下载文件。

四、实施步骤

方案的实施步骤依次为：添加 FTP 服务、配置 FTP 服务器、设置 FTP 服务器访问权限、测试和使用 FTP 服务器、管理 FTP 服务器。

5.2.2　添加 FTP 服务

Windows Server 2003 操作系统的 Internet 信息服务（IIS）提供 FTP 服务，但是默认安装时，FTP 服务没有安装，可以通过以下步骤手动添加：选择"控制面板"→"添加或删除程序"→"添加/删除 Windows 组件"→"应用程序服务器"，如图 5-34 至图 5-39 所示。

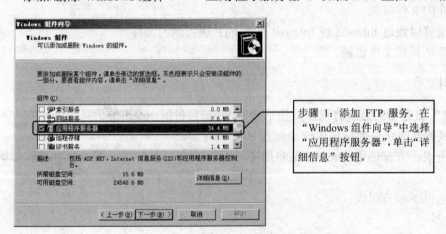

图 5-34　添加 FTP 服务

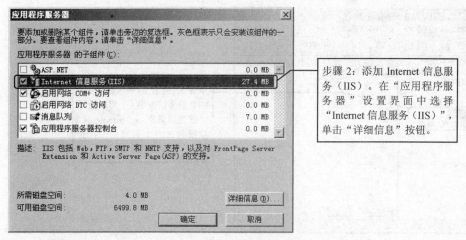

图 5-35 添加 Internet 信息服务（IIS）

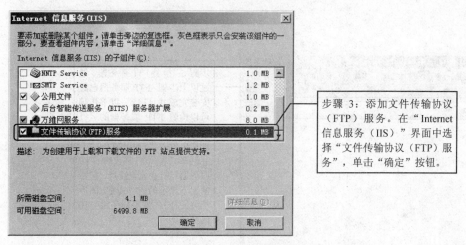

图 5-36 添加文件传输协议（FTP）服务

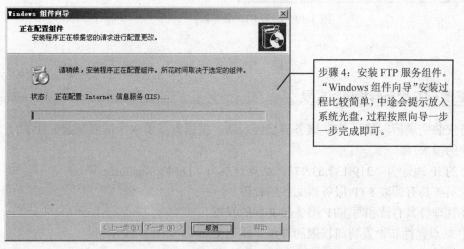

图 5-37 安装 FTP 服务组件

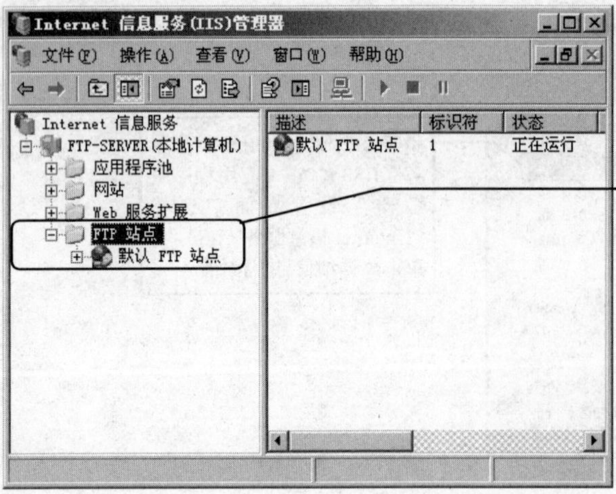

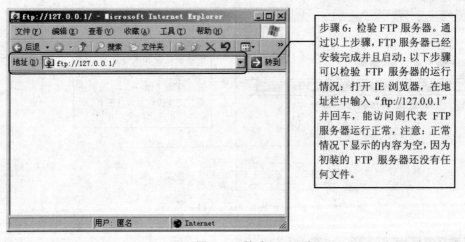

图 5-38　查看 FTP 站点

步骤 5：查看 FTP 站点。完成 FTP 服务的安装后，可以通过"管理工具"→"Internet 信息服务（IIS）管理器"打开管理"FTP 站点"的界面。

步骤 6：检验 FTP 服务器。通过以上步骤，FTP 服务器已经安装完成并且启动；以下步骤可以检验 FTP 服务器的运行情况：打开 IE 浏览器，在地址栏中输入"ftp://127.0.0.1"并回车，能访问则代表 FTP 服务器运行正常，注意：正常情况下显示的内容为空，因为初装的 FTP 服务器还没有任何文件。

图 5-39　检验 FTP 服务器

5.2.3　配置 FTP 服务器和访问权限

FTP 服务安装完成后，默认 FTP 服务器已经启动。根据方案要求，需要配置 FTP 站点属性以实现企业的需求：

- 发布的 IP 地址为"219.137.63.97"，站点目录为"D:\ FtpResources\"。
- 企业员工具有读取 FTP 服务器文件的权限。
- 文件管理员具有读和写 FTP 服务器文件的权限。

配置 FTP 站点属性和设置访问权限的详细步骤如图 5-40 至图 5-51 所示。

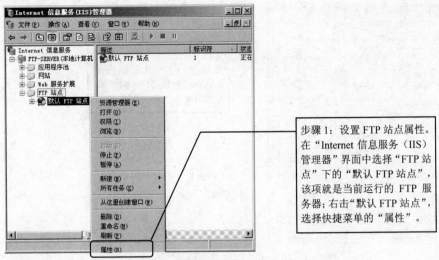

图 5-40 设置 FTP 站点属性

步骤 1：设置 FTP 站点属性。在 "Internet 信息服务（IIS）管理器" 界面中选择 "FTP 站点" 下的 "默认 FTP 站点"，该项就是当前运行的 FTP 服务器；右击 "默认 FTP 站点"，选择快捷菜单的 "属性"。

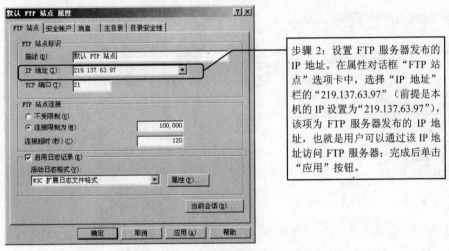

图 5-41 设置 FTP 服务器发布的 IP 地址

步骤 2：设置 FTP 服务器发布的 IP 地址。在属性对话框 "FTP 站点" 选项卡中，选择 "IP 地址" 栏的 "219.137.63.97"（前提是本机的 IP 设置为 "219.137.63.97"），该项为 FTP 服务器发布的 IP 地址，也就是用户可以通过该 IP 地址访问 FTP 服务器；完成后单击 "应用" 按钮。

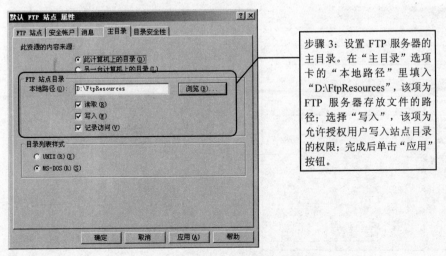

图 5-42 设置 FTP 服务器的主目录

步骤 3：设置 FTP 服务器的主目录。在 "主目录" 选项卡的 "本地路径" 里填入 "D:\FtpResources"，该项为 FTP 服务器存放文件的路径；选择 "写入"，该项为允许授权用户写入站点目录的权限；完成后单击 "应用" 按钮。

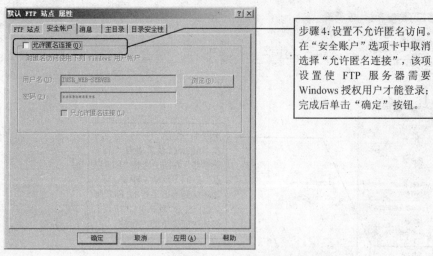

步骤4：设置不允许匿名访问。在"安全账户"选项卡中取消选择"允许匿名连接"，该项设置使 FTP 服务器需要 Windows 授权用户才能登录；完成后单击"确定"按钮。

图 5-43　设置不允许匿名访问

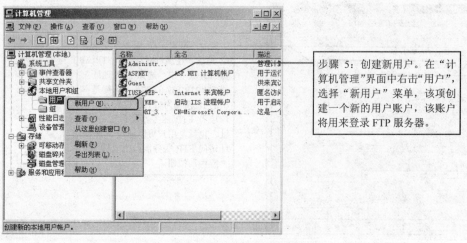

步骤 5：创建新用户。在"计算机管理"界面中右击"用户"，选择"新用户"菜单，该项创建一个新的用户账户，该账户将用来登录 FTP 服务器。

图 5-44　创建新用户

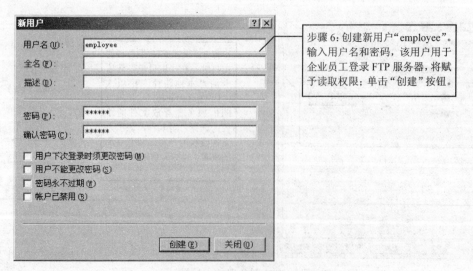

步骤6：创建新用户"employee"。输入用户名和密码，该用户用于企业员工登录 FTP 服务器，将赋予读取权限；单击"创建"按钮。

图 5-45　创建新用户"employee"

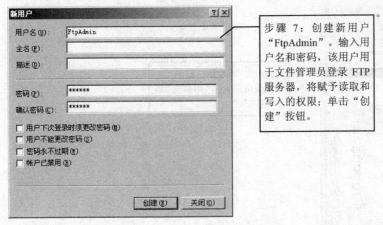

图 5-46　创建新用户"FtpAdmin"

步骤 7：创建新用户"FtpAdmin"。输入用户名和密码，该用户用于文件管理员登录 FTP 服务器，将赋予读取和写入的权限；单击"创建"按钮。

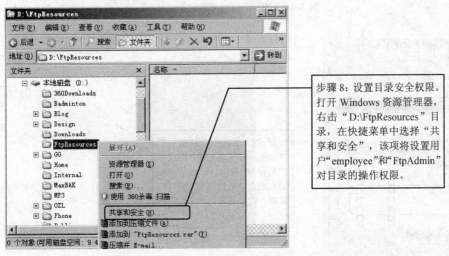

图 5-47　设置目录安全权限

步骤 8：设置目录安全权限。打开 Windows 资源管理器，右击"D:\FtpResources"目录，在快捷菜单中选择"共享和安全"，该项将设置用户"employee"和"FtpAdmin"对目录的操作权限。

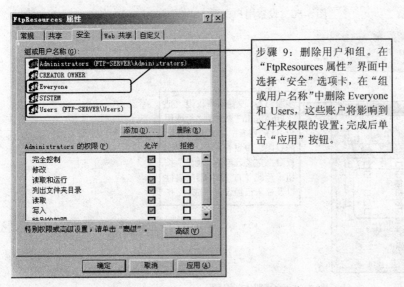

图 5-48　删除用户和组

步骤 9：删除用户和组。在"FtpResources 属性"界面中选择"安全"选项卡，在"组或用户名称"中删除 Everyone 和 Users，这些账户将影响到文件夹权限的设置；完成后单击"应用"按钮。

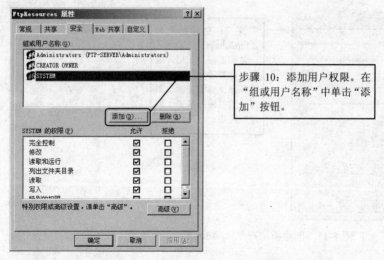

图 5-49　添加用户权限

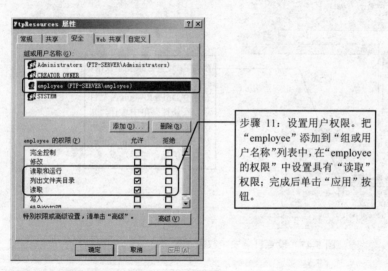

图 5-50　设置用户权限

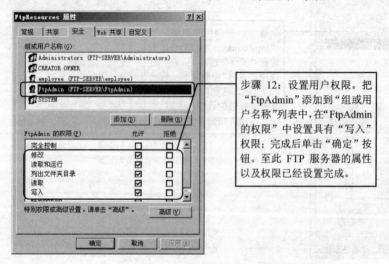

图 5-51　设置用户权限

5.2.4 测试和使用 FTP 服务器

FTP 服务器安装和配置完成后，就可以通过浏览器或 FTP 客户端软件在本地或远程测试 FTP 服务器，测试方法为：首先使用文件管理员账号登录 FTP 服务器并上传文件和新建文件夹等，然后使用企业员工账号登录 FTP 服务器下载文件，详细的操作如图 5-52 至图 5-58 所示。

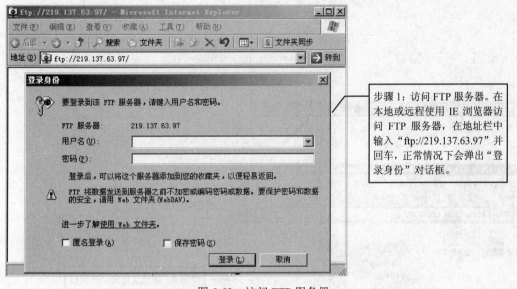

图 5-52 访问 FTP 服务器

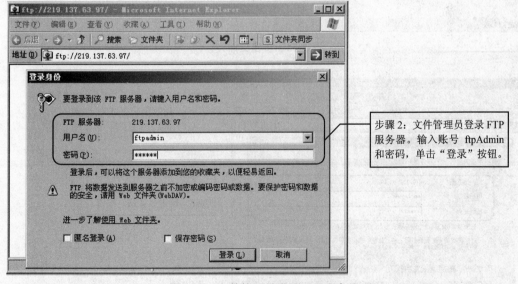

图 5-53 文件管理员登录 FTP 服务器

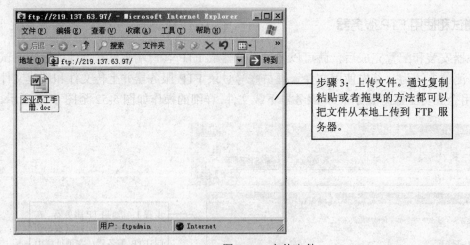

步骤3：上传文件。通过复制
粘贴或者拖曳的方法都可以
把文件从本地上传到 FTP 服
务器。

图 5-54　上传文件

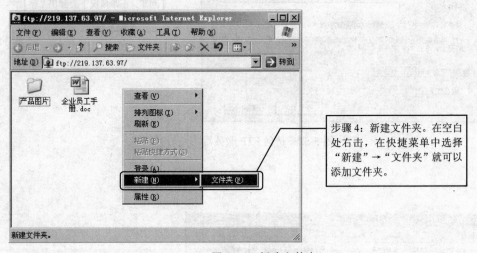

步骤4：新建文件夹。在空白
处右击，在快捷菜单中选择
"新建"→"文件夹"就可以
添加文件夹。

图 5-55　新建文件夹

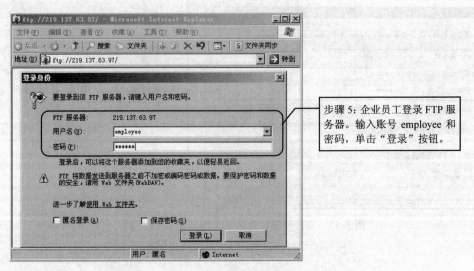

步骤5：企业员工登录 FTP 服
务器。输入账号 employee 和
密码，单击"登录"按钮。

图 5-56　企业员工登录 FTP 服务器

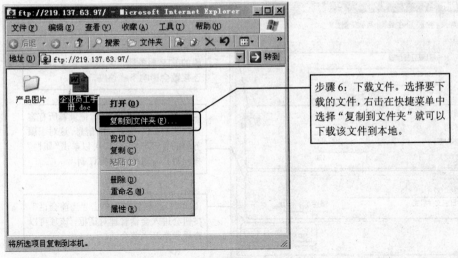

步骤 6：下载文件。选择要下载的文件，右击在快捷菜单中选择"复制到文件夹"就可以下载该文件到本地。

图 5-57 下载文件

步骤 7：测试上传文件。当企业员工账号 employee 试图上传文件到 FTP 服务器时，会出现"FTP 文件夹错误"提示对话框。

图 5-58 测试上传文件

5.2.5 管理 FTP 服务器

在 FTP 服务器正常运行的过程中，通过 Internet 信息服务（IIS）管理器可以对 FTP 服务器进行管理，IIS 管理功能包括启动/停止、限制连接数、管理用户会话、拒绝 IP 访问等，详细说明如图 5-59 至图 5-62 所示。

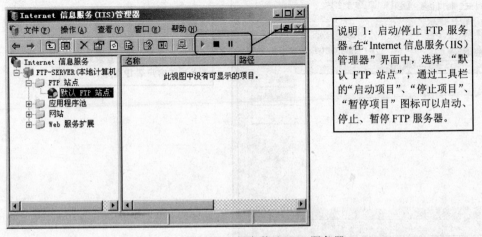

说明 1：启动/停止 FTP 服务器。在"Internet 信息服务（IIS）管理器"界面中，选择 "默认 FTP 站点"，通过工具栏的"启动项目"、"停止项目"、"暂停项目"图标可以启动、停止、暂停 FTP 服务器。

图 5-59 启动/停止 FTP 服务器

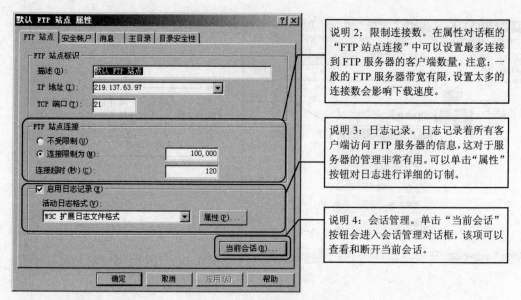

图 5-60　FTP 站点基本属性设置

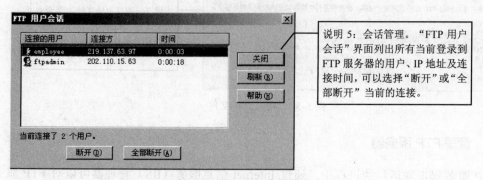

图 5-61　会话管理

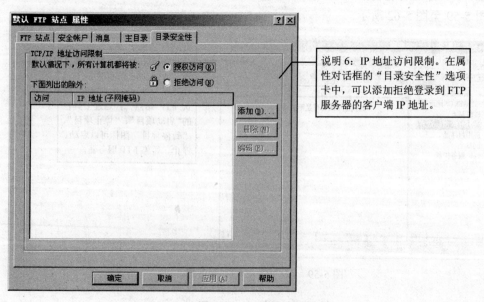

图 5-62　IP 地址访问限制

5.2.6　知识点

一、FTP 文件传输协议

FTP（File Transfer Protocol）是文件传输协议，主要实现在计算机之间的文件传输，是最古老的 Internet 协议，也是完成这个功能最快的传输协议。

二、FTP 服务器

FTP 服务器是互联网中提供文件传输服务和存储空间的计算机。FTP 服务器的工作过程就是客户端与服务器之间进行文件传输的过程，通常有两种情况：下载和上传，下载就是文件从服务器传送到客户端，而上传是客户端把文件传送给服务器。

常用架设 FTP 服务器的工具如下：

- Serv-U 软件，是一个功能强大、安全和易于使用的 FTP 服务器端软件，目前被广泛使用。
- Internet 信息服务（IIS），Windows Server 操作系统的 IIS 组件集成了 FTP 服务，安装和使用很方便。

任务 5.3　邮件服务器的组建

一、能力目标

- 会添加电子邮件服务。
- 会配置 POP3 服务。
- 会添加 SMTP 服务。
- 会配置 SMTP 虚拟服务器。
- 会使用邮件服务器。

二、知识目标

- 了解 SMTP 服务的概念。
- 了解 POP3 服务的概念。
- 理解邮件服务器系统的工作原理。

5.3.1　任务概述

一、任务描述

随着公司规模的不断扩大和员工数量的不断增多，某公司计划搭建一台小型的内部邮件服务器，一方面可以方便公文的发送和加强员工之间的信息交流，另一方面可以保证信息安全和便于管理。

二、需求分析

随着网络的发展和普及，信息化建设成为推进中小企业迅速发展的一个重要手段，为了提高办公效率，实现无纸化网络办公，同时考虑到企业的方便管理和信息安全，越来越多的企业选择自行部署邮件系统。

根据任务描述，该公司希望搭建小型邮件服务器实现以下功能：
- 公司员工可以快捷地收取和发送邮件。
- 便于管理的邮件系统。
- 保证公司文件和用户交流信息的安全。

三、方案设计

目前实现邮件服务器系统的软件有很多，如功能强大的商业软件 Lotus Note 和 Exchange、基于 Linux 操作平台的开源邮件系统 sendmail 等。根据公司的需求，综合考虑公司规模、运行和维护成本、稳定性、安全性和管理性等因素，方案使用 Windows Server 2003 自带的 SMTP 及 POP3 服务建立一个小型的邮件服务器（拓扑结构如图 5-63 所示）。

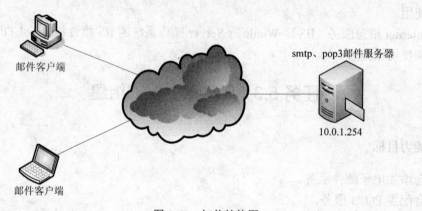

图 5-63　拓扑结构图

方案的结构由以下部分组成：

1. 邮件服务器

邮件服务器连接到局域网，提供 SMTP 服务和 POP3 服务，邮件服务器的配置如下：
- 邮件服务器的 IP 地址为 "10.0.1.254"，包括发送邮件 SMTP 服务和接收邮件 POP3 服务。
- 邮件服务器使用的域为 "company.com"。
- 创建电子邮箱。

2. 邮件客户端

局域网的计算机都能通过 Outlook Express 等邮件客户端软件发送和接收电子邮件。

四、实施步骤

方案的实施步骤依次为：添加 POP3 和 SMTP 服务、配置 POP3 服务、配置 SMTP 服务、测试和使用邮件服务器。

5.3.2　添加 POP3 和 SMTP 服务

Windows Server 2003 操作系统集成了 SMTP 服务和 POP3 服务，其中 SMTP 服务是 Internet

信息服务（IIS）组件之一，这些服务默认都没有安装，可以通过以下步骤手动添加：选择"控制面板"→"添加或删除程序"→"添加/删除 Windows 组件"，如图 5-64 至图 5-70 所示。

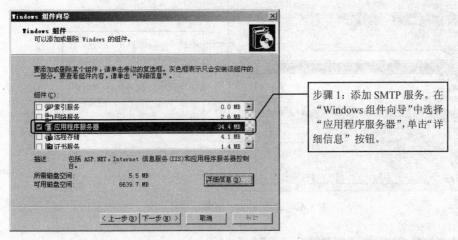

图 5-64 添加 SMTP 服务

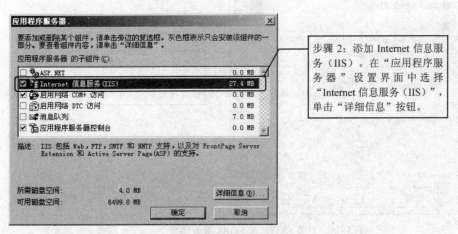

图 5-65 添加 Internet 信息服务（IIS）

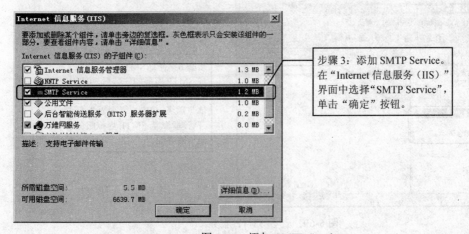

图 5-66 添加 SMTP Service

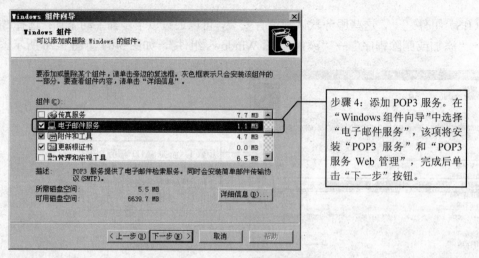

步骤 4: 添加 POP3 服务。在"Windows 组件向导"中选择"电子邮件服务",该项将安装"POP3 服务"和"POP3 服务 Web 管理",完成后单击"下一步"按钮。

图 5-67 添加 POP3 服务

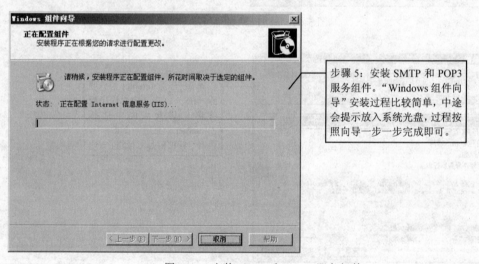

步骤 5: 安装 SMTP 和 POP3 服务组件。"Windows 组件向导"安装过程比较简单,中途会提示放入系统光盘,过程按照向导一步一步完成即可。

图 5-68 安装 SMTP 和 POP3 服务组件

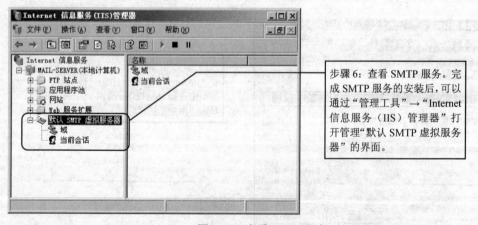

步骤 6: 查看 SMTP 服务。完成 SMTP 服务的安装后,可以通过"管理工具"→"Internet 信息服务(IIS)管理器"打开管理"默认 SMTP 虚拟服务器"的界面。

图 5-69 查看 SMTP 服务

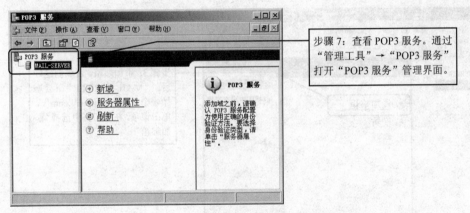

步骤 7：查看 POP3 服务。通过"管理工具"→"POP3 服务"打开"POP3 服务"管理界面。

图 5-70 查看 POP3 服务

5.3.3 配置 POP3 服务

POP3 服务是一种检索电子邮件的服务，管理员可以使用 POP3 服务存储并管理邮件服务器上的电子邮件账户，用户可以使用邮件客户端从 POP3 服务器中接收电子邮件。

POP3 服务安装完成后，需要进行新建域、配置域和新建电子邮箱等操作才能正常使用，具体操作过程如图 5-71 至图 5-76 所示。

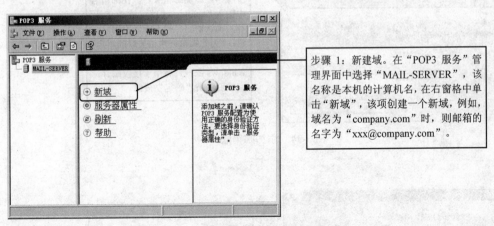

步骤 1：新建域。在"POP3 服务"管理界面中选择"MAIL-SERVER"，该名称是本机的计算机名，在右窗格中单击"新域"，该项创建一个新域，例如，域名为"company.com"时，则邮箱的名字为"xxx@company.com"。

图 5-71 新建域

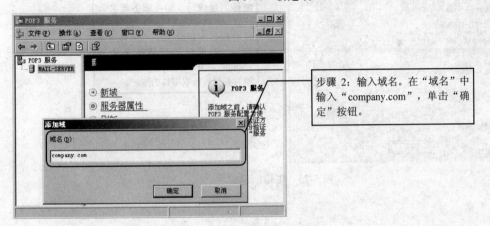

步骤 2：输入域名。在"域名"中输入"company.com"，单击"确定"按钮。

图 5-72 输入域名

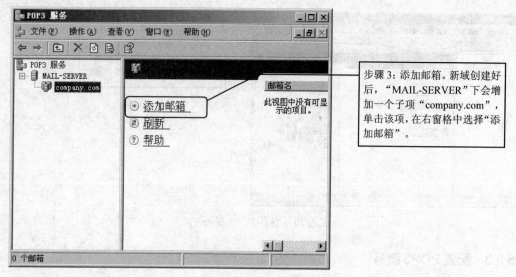

图 5-73　添加邮箱

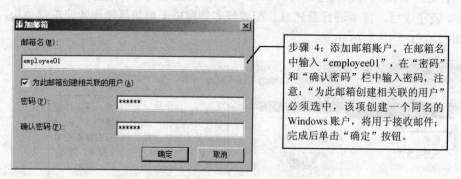

图 5-74　添加邮箱账户

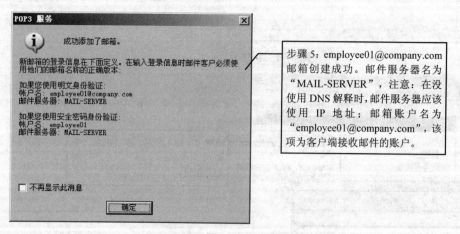

图 5-75　邮箱创建成功

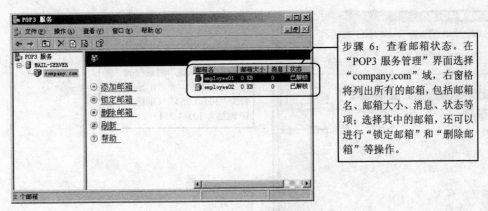

图 5-76 查看邮箱状态

5.3.4 配置 SMTP 服务

SMTP 服务就是发送服务，用来发送和中转电子邮件，电子邮件从客户端发送到 SMTP 服务器，SMTP 服务器再转发到另一个邮件服务器。

SMTP 服务安装完成后，默认已经启动。根据方案的要求，需要对 SMTP 服务器进行配置以满足公司的需求，具体配置过程如图 5-77 至图 5-80 所示。

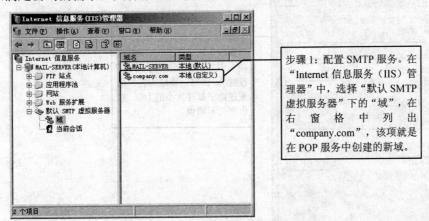

图 5-77 配置 SMTP 服务

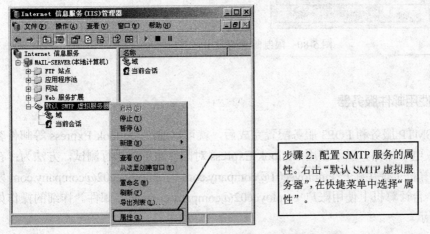

图 5-78 配置 SMTP 服务的属性

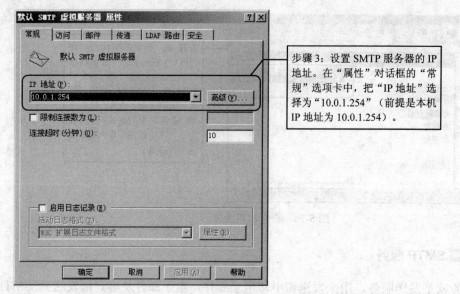

步骤 3：设置 SMTP 服务器的 IP
地址。在"属性"对话框的"常规"
选项卡中，把"IP 地址"选
择为"10.0.1.254"（前提是本机
IP 地址为 10.0.1.254）。

图 5-79　设置 SMTP 服务器的 IP 地址

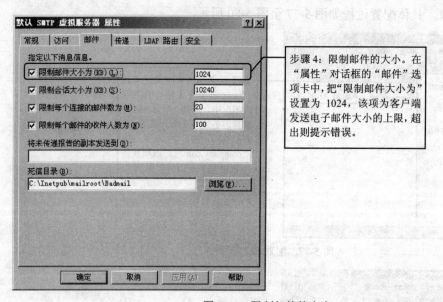

步骤 4：限制邮件的大小。在
"属性"对话框的"邮件"选
项卡中，把"限制邮件大小为"
设置为 1024，该项为客户端
发送电子邮件大小的上限，超
出则提示错误。

图 5-80　限制邮件的大小

5.3.5　测试和使用邮件服务器

邮件服务器的 SMTP 服务和 POP3 服务配置完成后，就可以通过 Outlook Express 等邮件客
户端软件发送和收取电子邮件。以下使用 Outlook Express 对邮件服务器进行测试，方法为：在
局域网内，在一台计算机上使用账户 employee01@company.com 向 employee02@company.com 发
送一封邮件，在另一台计算机上使用账户 employee02@company.com 收取邮件。详细的操作如
图 5-81 至图 5-93 所示。

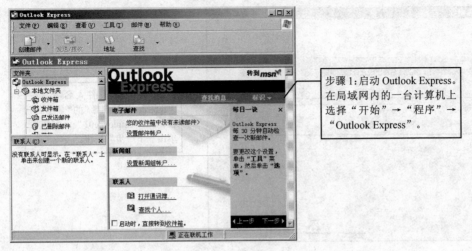

步骤1：启动 Outlook Express。在局域网内的一台计算机上选择"开始"→"程序"→"Outlook Express"。

图 5-81 启动 Outlook Express

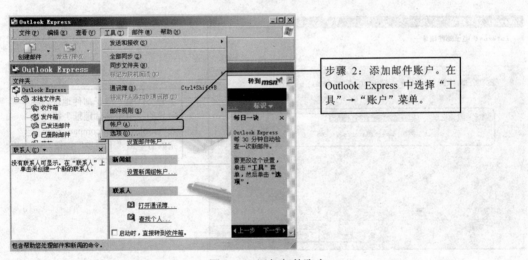

步骤 2：添加邮件账户。在 Outlook Express 中选择"工具"→"账户"菜单。

图 5-82 添加邮件账户

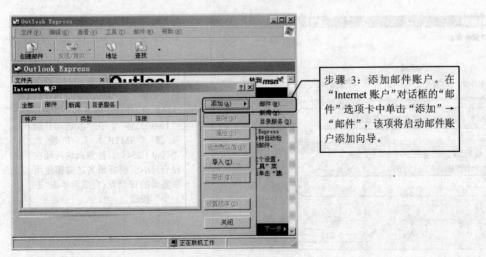

步骤 3：添加邮件账户。在"Internet 账户"对话框的"邮件"选项卡中单击"添加"→"邮件"，该项将启动邮件账户添加向导。

图 5-83 添加邮件账户

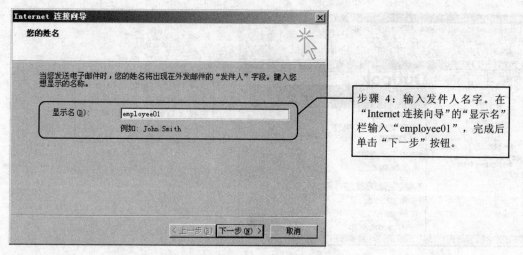

图 5-84　输入发件人名字

步骤 4：输入发件人名字。在"Internet 连接向导"的"显示名"栏输入"employee01"，完成后单击"下一步"按钮。

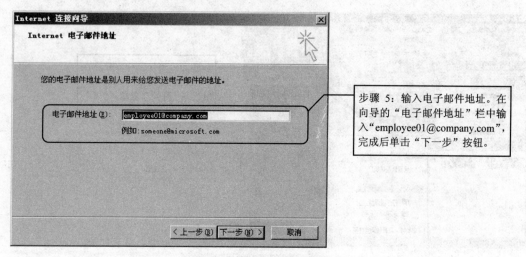

图 5-85　输入电子邮件地址

步骤 5：输入电子邮件地址。在向导的"电子邮件地址"栏中输入"employee01@company.com"，完成后单击"下一步"按钮。

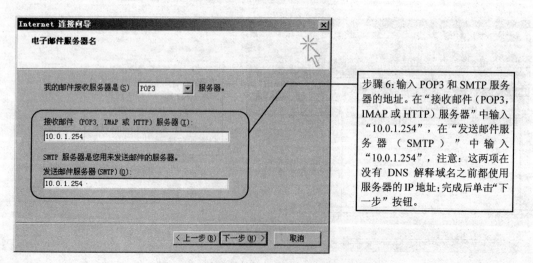

图 5-86　输入 POP3 和 SMTP 服务器的地址

步骤 6：输入 POP3 和 SMTP 服务器的地址。在"接收邮件（POP3，IMAP 或 HTTP）服务器"中输入"10.0.1.254"，在"发送邮件服务器（SMTP）"中输入"10.0.1.254"，注意：这两项在没有 DNS 解释域名之前都使用服务器的 IP 地址；完成后单击"下一步"按钮。

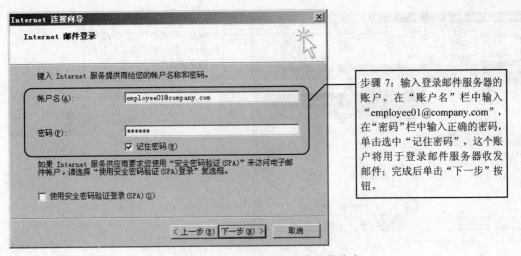

图 5-87 输入登录邮件服务器的账户

步骤 7：输入登录邮件服务器的账户。在"账户名"栏中输入"employee01@company.com"，在"密码"栏中输入正确的密码，单击选中"记住密码"，这个账户将用于登录邮件服务器收发邮件；完成后单击"下一步"按钮。

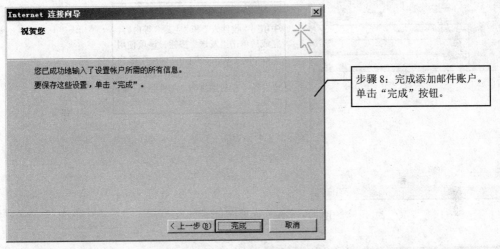

图 5-88 完成添加邮件账户

步骤 8：完成添加邮件账户。单击"完成"按钮。

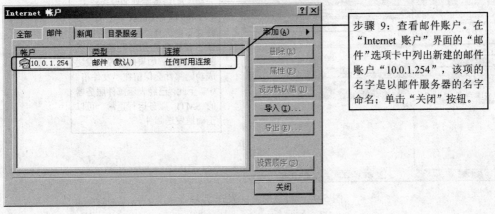

图 5-89 查看邮件账户

步骤 9：查看邮件账户。在"Internet 账户"界面的"邮件"选项卡中列出新建的邮件账户"10.0.1.254"，该项的名字是以邮件服务器的名字命名；单击"关闭"按钮。

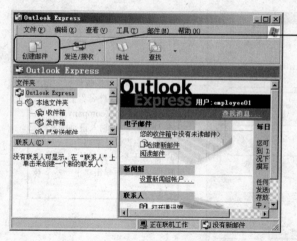

步骤10：创建邮件。在 Outlook Express 界面中单击工具栏的"创建邮件"。

图 5-90　创建邮件

步骤11：编写和发送邮件。在新邮件中填写"收件人"和"主题"等内容，完成后单击"发送"按钮，该项使用"employee01@company.com"账户向"employee02@company.com"账户发送了一封题目为"邮件测试"的邮件。

图 5-91　编写和发送邮件

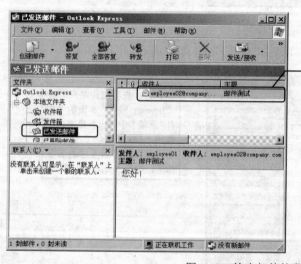

步骤12：检查邮件的发送状态。在 Outlook Express 界面的"文件夹"中选择"已发送邮件"，在右窗格中会列出发送成功的邮件，注意：如果邮件没有发送成功则邮件会保留在"发件箱"中。至此，已经表示邮件服务器的 SMTP 服务运行正常，可以正确地发送邮件。

图 5-92　检查邮件的发送状态

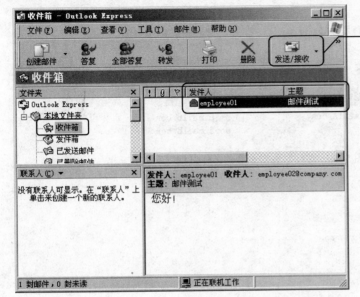

步骤13：检查邮件的接收状态。在局域网内的另外一台计算机，使用 Outlook Express 创建邮件账户 "employee02@company.com"，单击工具栏的"发送/接收"按钮，正常情况下将收到发件人 employee01 发来的邮件，注意：如果没收到邮件将提示出错。至此，已经表示邮件服务器的 POP3 服务运行正常，可以正确地接收邮件。

图 5-93　检查邮件的接收状态

5.3.6　知识点

一、SMTP 服务

SMTP 是简单邮件传输协议（Simple Mail Transfer Protocol）的简称，是一种提供可靠且有效电子邮件传输的协议。SMTP 主要负责电子邮件的发送，实现把电子邮件从发件人的邮件服务器传送到收件人的邮件服务器。

SMTP 服务器就是发送邮件服务器，负责邮件中转的任务，它能够提供可靠的传输服务把收到的电子邮件发送到目的邮件服务器。

二、POP3 服务

POP 是邮局协议（Post Office Protocol）的简称，POP3 是邮局协议的第三版，目前邮件服务器和客户端普遍支持 POP3 协议。POP3 主要负责电子邮件的接收，发件人的电子邮件传到收件人的邮件服务器后，POP3 提供保存和管理的服务，收件人也可以通过 POP3 服务从邮件服务器中收取电子邮件。

三、邮件服务器系统的工作原理

邮件服务器系统由邮件服务器（SMTP 服务和 POP3 服务）和电子邮件客户端软件组成。邮件服务器的 SMTP 服务提供邮件的中转服务，POP3 服务提供邮件的保存和下载服务，邮件客户端是编写和收发电子邮件的软件。

邮件服务器系统的工作过程如图 5-94 所示。发件人 user1@mailA.com 通过邮件客户端软件将电子邮件发送给 SMTP 服务器 smtp.mailA.com，由 smtp.mailA.com 转发给收件人的 SMTP 服务器 smtp.mailB.com，smtp.mailB.com 把邮件保存在收件人的 POP3 服务器 pop3.mailB.com 中，收件人 user2@mailB.com 通过邮件客户端软件从 pop3.mailB.com 接收邮件。

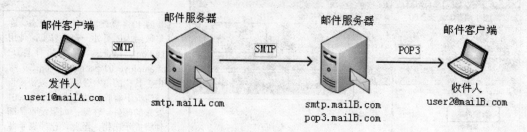

图 5-94　邮件服务器系统的工作过程